环境艺术设计专业系列教材

# 室内设计手绘表现

# Drawing Course  for Interior Design

徐卓恒　夏克梁　编著

第三版

东华大学出版社·上海

图书在版编目（CIP）数据

室内设计手绘表现／徐卓恒，夏克梁编著．－－3版－－上海：东华大学出版社，2021.3
　　ISBN 978-7-5669-1873-4

　　Ⅰ.①室…Ⅱ.①徐…　②夏…Ⅲ.①室内装饰设计－绘画技法　Ⅳ.① TU204

　　中国版本图书馆CIP数据核字(2021)第037819号


责任编辑　谢　未
版式设计　王　丽　鲁晓贝



室内设计手绘表现（第三版）
Shinei Sheji Shouhui Biaoxian

编　　著：徐卓恒　夏克梁
出　　版：东华大学出版社
（上海市延安西路1882号　　邮政编码：200051）
出版社网址：http://www.dhupress.net
天猫旗舰店：http://dhdx.tmall.com
营销中心：021-62193056　　62373056　　62379558
印　　刷：深圳市彩之欣印刷有限公司
开　　本：889mm × 1194mm　1/16
印　　张：8
字　　数：282千字
版　　次：2021年3月第3版
印　　次：2021年3月第1次印刷
书　　号：ISBN 978-7-5669-1873-4
定　　价：55.00元

# 目　录

# 前　言

　　在这几年设计手绘课程的教学中，学生最常问起的问题是"现在的电脑效果图表现技术已经这么完善了，可以达到以假乱真的程度，为什么我们还要学习手绘表现技术？手绘在实际工作中到底还有没有用？"这一对当下设计中手绘应用性的质疑既代表了许多初学者的看法，也提醒从事专业基础技能传授的教育者重新思考手绘表现对于设计的时代意义所在。虚拟表现技术的突飞猛进不断地刷新着人们对效果图表现的认识，也一次次为我们展示了超现实的设计世界所带来的视觉震撼。如同照相技术的出现对传统绘画造成的影响，计算机软件的精准计算、逼真渲染使得手绘效果图难以重回过去长周期精雕细琢式的描绘模式。若以传统的效果图表现要求比较两者的优劣，无论是表现的效率还是场景的真实性，手绘均处于劣势。这便是造成许多相关专业的学生、从业者或是手绘表现初学者认为"手绘无用"的根本原因。

　　我们的观点却与此相反，正是由于电脑技术的进步才对设计的手绘表现提出了更高的要求。尽管电脑在客观性、高效性和精确性上具有强大的优势，但手绘作为一种便捷的表达方式，在表现的简易性上胜过电脑；作为一种快速传达设计意向和概念的媒介，在表达的即时性上优于电脑；作为设计思维的直接表露，在思路传达的敏感度上超过电脑；作为一种灵活的艺术表现途径，在表现的开放性和创造性上也完全压倒电脑。最为重要的是，电脑将我们从传统狭隘的、一味以展现真实效果为目标的手绘围城中解放出来，使手绘不再局限于最终成果表达的应用，而成为设计的辅助工具，在设计概念传达、方案推敲和设计思维的提升上发挥所长，并借此提高对设计之美的认识，变实用设计为艺术设计。手绘转变为艺术设计思维的操练，真正地融入了设计过程的方方面面，并促成了设计品质的全面提升，这才是手绘在当下及今后最为重要的作用。基于这一认识，我们不难理解当今全国优秀的设计师都对手绘表现情有独钟的原因，它也正是促成此书编写出版的动因。

　　在本书中，力求将教学实践中的所感和所得全面地展示给读者，为广大热爱室内手绘表现的人士提供学习的平台和有效的辅助，从中获得相关的启迪和帮助，不断提高室内设计表现水平。在本书的资料收集过程中，得到了许多室内手绘表现界朋友的大力支持。他们无私地提供自己的优秀新作，起到了很好的案例示范作用，在此表示感谢。

作　者

2021 年 1 月于杭州

# 第一章 室内设计手绘快速表现理论知识

## 一、课程概述

### （一）室内手绘效果图的基本概念

　　室内手绘效果图是以直观的图像形式传达设计者设计意图的重要手段，是集绘画艺术与工程技术于一体的表现形式。它以设计工程图纸为主要依据，运用绘画的表现手段在纸面上对所设计的内容进行形象的表达。室内设计手绘表现图作为其中重要的组成分支，以富有表现力的设计表达方式一直被室内设计界广泛运用，长期以来它也是室内设计从业人员必备的基本功与设计成果展示的重要手段，无论是建筑专业的学生，还是环境艺术设计专业的学生，都需要长期接受设计表现方面的严格训练，以适应市场对专业人员的素质要求，提高他们的艺术修养（图1-1～图1-3）。

图1-1 手绘餐厅效果
（作者：辛冬根）

图1-2 手绘客厅效果（作者：辛冬根）

图1-3 手绘餐厅效果（作者：辛冬根）

## （二）课程定位

室内设计手绘表现课程为室内设计专业的核心技能课程，属于专业设计基础教学模块，课程一般设置在二年级上半学期，总学时约为72课时（图1-4、图1-5）。

图1-4 手绘工作室效果
（作者：孙大野）

图1-5 手绘家居客厅空间效果（作者：孙大野）

### （三）课程体系

室内设计手绘表现课程前承造型基础（素描、色彩）、钢笔画、透视和制图等课程，后启室内设计专业课程（住宅空间、餐饮空间、商业空间设计等），以此构成完整的专业教学体系。

作为专业设计基础教学模块的组成部分，绘制室内手绘表现图不只是一种单一化的专业技能训练，它是建立在许多相关绘画基础和专业技能训练基础之上的综合能力体系。室内效果图所包含的相关专业技能基础有素描、色彩、透视、工程制图等。在进行室内手绘表现的专业训练之前，这些相关基础的建立和技能的培养是必不可少的。它们对以后手绘表现的学习有着重要的影响（图1-6、图1-7）。

图1-6　手绘卖场空间效果（作者：苗长银）

图1-7　手绘餐厅效果（作者：辛冬根）

## 1.素描

手绘效果图的线稿描绘阶段需运用到素描的表现技法。素描是手绘效果图的造型基础，它着重解决物体形态的表现和场景空间的塑造问题。通过扎实的素描基本功的训练，有助于设计师培养造型意识，解决如何去立体地表现室内空间、形态及家具陈设等基本问题。在此基础之上，设计师可以运用素描中的构图原理及画面处理手法有效地美化画面，让画面呈现出形式美感和空间感。因此，素描的基本原理可以用于解决手绘效果图中形式的表现问题。通过素描的训练，既有助于初学者准确地塑造画面空间感和体积感，也能为观者提供良好的观看角度，以便其对设计的空间效果做出评判（图1-8、图1-9）。

图1-8 素描（作者：辛冬根）

图1-9 素描（作者：李磊）

## 2.色彩

手绘效果图在着色阶段需运用到色彩的基本原理和表现技法。色彩的合理运用是使手绘表现图呈现出真实感的另一重要因素。缺少素描基础便缺乏了塑造立体空间形态的能力，缺少色彩基础便丧失了让空间充满活力的要素。通过色彩表现的训练，一方面培养设计师组合搭配各种颜色的能力，训练的方法包括有同类色的组合、对比色的组合等，让设计师能够利用色彩学原理，较为准确地表现出室内空间中的固有色、环境色及光源色等，也能有意识地组织好画面的色调，在色彩组合上达到和谐与雅致；另一方面也需要通过色彩表现物体间的空间关系，包括空间中的前后关系、上下关系、主次关系等。因此，色彩不仅增强了场景的真实感，也能更有效地为画面增添气氛（图1-10）。

图1-10　色彩基础，麦克笔（作者：夏克梁）

## 3.透视和制图

透视和工程制图也是绘制手绘效果图必备的专业基础。透视是造就空间真实感的重要因素，它直接影响到整个室内空间的比例尺寸及纵深感。了解并科学地运用透视学原理，能够为空间的真实表现打下坚实的基础，也能够为设计师在绘图中掌握空间尺寸和观赏角度的变化提供科学的依据。在室内手绘效果图中常用到的是一点透视（平行透视）和两点透视（成角透视）。一点透视能较为全面地体现室内整体效果，多用于表现较大的空间场景；两点透视多用于表现室内的局部空间，可使画面效果灵活生动并富有趣味性（图1-11）。工程制图主要用于解决空间中各界面的尺寸问题，它所要反映的是物体的真实尺寸，和透视学原理相对应，它是设计师在平面上研究尺度的重要参考依据，也是透视在真实环境中的绝对尺度参考。工程制图的训练也有助于设计师空间尺度感的培养，为室内效果图表现建立基础。透视和工程制图能力的培养对设计师而言必不可少，它们也是影响室内手绘效果图表达严谨性的重要因素（图1-12）。

图1-11　透视（作者：盛超）

11

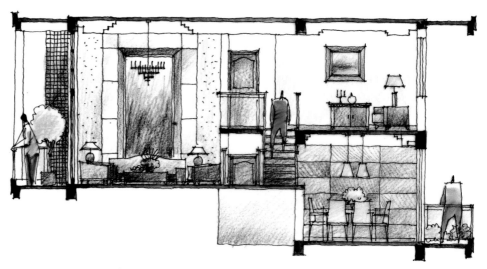

图1-12  工程制图（作者：辛冬根）

### 4.钢笔画

钢笔画可作为室内手绘表现的线稿部分,也可看作是纯粹以线条进行绘制的黑白表现图。无论是哪一种形式,钢笔线稿的严谨、扎实与否都会直接影响最终的表现效果。钢笔画的练习中又包含了素描关系(主要为明暗、空间、形体结构等关系)的塑造、透视的准确表达等,同时也结合了速写中以线为主的快速表现要求。因此,从与室内手绘表现的关系看,钢笔画所要解决的问题比其他基础课程更为直接,钢笔快速表达技能的训练也是室内手绘表现不可逾越的阶段 (图1-13)。

图1-13  钢笔画（作者：孙大野）

### 5.专业设计

从技能应用的角度看，手绘作为一种直观、便捷地展现设计的手段，从始至终贯穿着室内方案设计的过程。对于设计师而言，掌握快速表现的技能等于为自己抽象的设计思维找到了具象的图形依托，表现效果的优劣则决定了思想传达的准确与否或设计水平的高低。从这一点看，手绘表现影响到了设计的方方面面，并不同程度地决定了项目设计创意、品质的高下，而非单一解决视觉的美观问题。手绘表现对设计的直接影响决定了其所处的重要地位，也使设计人员不断重视对表现技能的学习，使之成为设计师必不可少的表达手段（图1-14、图1-15）。

图1-14 表达构思
（作者：岑志强）

图1-15 专业设计－终
极表现（作者：谢国威）

## 二、室内手绘效果图的作用

### （一）培养设计表达能力

    室内设计手绘表现图能清晰、准确地表达室内设计师的创作意图和室内设计的效果（图1-16）。它既在室内设计人员与业主之间建立起一座沟通与交流的桥梁，又成为室内设计的重要组成部分，也是从意到图的设计构思与设计实践的升华。室内设计手绘表现图主要有以下三方面的作用。

图1-16　表达创造意图（作者：施徐华）

#### 1.表达设计构思

    室内设计的构思若只是存在于设计师的思维系统之中，那人们将无法明确地感受到他所要传达的设计意图，也无法与设计师进行有效的交流或是对设计作品的优劣作出评判。室内手绘效果图就是设计师表达创意和思路的一种图形化语言、直观性载体，它将原本抽象的设计概念用具体的、可观的形式表达在纸面上，从而让每位观者从视觉的层面上对作者的设计意图、表现手段、设计风格、空间气氛等进行解读，让观者较为清晰地了解设计师之所想及所传达的空间效果。借助室内效果图的帮助，设计师的创作思维变为图形实体展现出来，也能为更多人所阅读、理解和接受（图1-17、图1-18）。

图1-17、图1-18 表达设
计构思（作者：辛冬根）

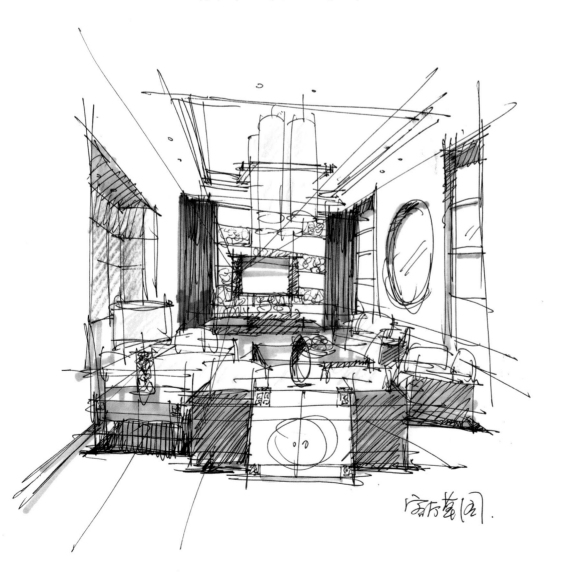

2．推敲设计方案

室内设计是一个反复修改和不断调整的动态过程，而方案的每一次深化和完善都需要以阶段性的室内效果图作为依据。这一类室内手绘效果图带有工作草图的性质，是设计师阶段性思考的成果展示，有助于其对存在的问题或欠缺处作出判断或评价，为下一步的方案改进提供准确的参考依据（图1-19、图1-20）。

图1-19 推敲设计方案
（作者：孙大野）

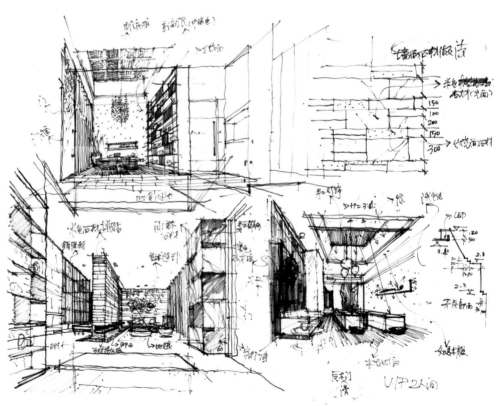

图1-20 推敲设计方案
（作者：辛冬根）

### 3.表现真实效果

室内效果图最主要的用途是对设计成果的展示。在电脑表现尚未普及之前,设计师主要依靠高度写实的手绘表现技法,通过对空间大小、家具陈设、材料色彩和光影布局的准确描绘,将室内装修完工后的场景提前展现在观者面前。这样,人们无需经过漫长的施工阶段的等待,就可以快速、直观地预先欣赏到室内设计的最终效果,这种效果最大化地接近于实际,从而让人们感受到真实的环境气氛,仿佛身临其境(图1–21、图1–22)。

图1–21 表现真实效果
(作者:辛冬根)

图1–22 表现真实效果
(作者:谢国威)

图1-23　即时记录（作者：王若琛）

图1-24　收集室内设计资料（作者：辛冬根）

## （二）锻炼即时记录的能力

作为室内设计师，不断地积累和更新设计素材是其在从业过程中需长期坚持的工作方式。因为缺少丰富的设计资料或不注重获取最新资料的设计师，就如同难为无米之炊的巧妇，即使天资再高也会有思路枯竭的时候。设计师在外出考察和查阅大量设计资料的时候，手绘效果图有时会成为一种很好的方式。它类似于设计师工作笔记，更准确地说是一种图形笔记，有时只是简单的几页纸，有时只是寥寥的几组线，但是它方便设计师随时查看，随时选用。它像一本字典，在里面可以寻找到合适的答案。随着设计师积累的丰厚，这本字典也逐渐变得饱满。而那些被设计师亲手描绘过的室内素材，也更容易映入他们的脑海之中，成为记忆最为深刻的材料（图1-23、图1-24）。

## （三）提高艺术素养及综合能力

室内设计手绘表现不仅仅是满足效果图所应具备的客观地再现设计构想、准确地传达设计意图的要求，作为一种专项的绘画形式，它也需融入艺术化的处理，借助艺术表现的手法增加画面的美观性，提升设计的视觉魅力。从这一层面看，手绘表现技能训练可看作是设计师锻炼和提高艺术素养的过程。每一位在设计上有所追求的设计师都会努力寻求艺术层面的不断突破，长期的手绘训练便成为他们实现这一目标的有效途径。艺术素养的提高潜移默化中带动了设计师多方面能力的提升，如审美观、设计判断力、控制力、全局观、应变能力等，进而促使其综合能力得以全面强化，能游刃有余地应对设计中出现的各种问题（图1-25、图1-26）。

图1-25　提高艺术修养（作者：杨健）

图1-26　提高艺术修养（作者：王岚）

## 三、室内手绘效果图的表现风格

室内手绘效果图根据不同的画面处理手法和表现形式，大致可分为写实风格、写意风格（快速表现）、装饰风格等不同表现类型。写实风格讲究画面表现的科学性和严谨性，严格按照现实的效果加以描绘，尤其是对细部的刻画能做到详尽细致、一丝不苟，能够有效地辅助设计师将所要表达的内容准确而丰富的表现出来，对观者而言也能做到通俗易懂（图1−27、图1−28）。写意风格（快速表现）讲究画面表现的便捷性和概括性，对画面中的主要元素、主要转折面、主要明暗交界线等关键部位进行塑造，其他部分做次要化处理。这样不仅缩短了表现的时间，也为画面增添了生动感和灵活性，在满足室内气氛渲染的同时兼顾空间感的把握，主次分明，重点突出，常用于设计的构思和方案的推敲阶段（图1−29、图1−30）。装饰风格讲究画面表现的装饰性和趣味性，结合装饰画的表现技法，通过空间透视、色彩组织等方面的适度处理，用装饰性绘画语言带给人以新颖而别致的视觉效果，适用于某些个性化空间或个性化设计的效果表现（图1−31）。

图1−27　写实风格（作者：刘宇）

图1-28 写实风格（作者：辛冬根）

图1-29 写意风格（作者：孙大野）

图1-30 写意风格（作者：杨健）

图1-31 相对而言的装饰风格（作者：赵杰）

## 四、室内手绘效果图的特点

室内手绘表现图是一种专业地应用于室内设计领域的绘画形式,不同于一般以表现性为主的纯绘画作品。室内手绘效果图的表现除了绘画所具有艺术性之外,还包含专业性、意象性、快速性等特点。

### 1.专业性

室内手绘效果图是室内设计师用来表达室内设计意图和效果的应用性绘画,它不同于普通的纯艺术类绘画作品,具有很强的专业性。其一体现在室内手绘效果图表现技法的专业性上,设计师需经过长期而专业化的表现技法训练,掌握室内效果图的手绘表现技法及要领,包括场景角度的选择、比例的控制、家具陈设的描绘、材料色彩的表现、空间气氛的营造和色调的把握等。掌握了室内手绘效果图表现的规律,就能绘制多种类别和风格的室内效果图。其二体现在其表现内容的专业性。室内效果图表现题材多为室内场景,其中涉及到很多有关室内的风格、材料和构造工艺等问题。室内的家具、陈设的风格如何搭配协调,室内材料如何运用,某些局部构架如何搭接,这些相关内容也必须通过室内手绘效果图准确地表达给观者。绘图者只有在充分关注这些专业性问题的基础上,掌握大量的设计素材,了解一定的装饰施工工艺,才能做到图面的准确表达(图1-32)。

图1-32 专业性(作者:盛超)

## 2.意象性

手绘这一表现形式的便捷性与灵活性决定了其功能和风格的多变性。相比电脑绘制、完全忠实于客观的再现形式,手绘则更多的可在意象性表现的风格层面发挥所长,无论是用于展现室内设计的概念效果还是表现设计的最终效果,设计师都可采用较为简练概括的表现方式寻求整体意象的营造,以画面氛围或意境来感染观者,使他们了解设计者传达的基本思想理念(图1-33)。

图1-33 意象性(作者:盛超)

## 3.艺术性

室内手绘效果图除了要求真实地、准确地反映室内场景的客观面貌以外,随着时代的发展、审美教育的普及与公众的艺术鉴赏品位的提高,它还能多方面地借鉴艺术的表现方式,与艺术的手段相融合,从而发展成为一门专业性很强的绘画艺术,并使其除了应用性外还具备极强的艺术性和观赏性。在室内效果图的绘制中加以适当的艺术性表现,如模仿某一类画派、画风或是画种;现代的电脑辅助技术与传统技法的综合运用等,这样不但可以令原本枯燥无味的画面呈现出生机与活力,带给观者耳目一新的视觉感受,让观赏成为一种享受艺术美的过程和方式,也会使设计本身显现出艺术的创造性和生动感,体现出设计师对于艺术设计的追求,让艺术为室内设计的效果增光添彩(图1-34)。

图1-34　艺术性（作者：余工）

### 4.快速性

作为一种便捷实用的表现类型,室内手绘表现最大的特点在于其绘制的快速高效。一位具有熟练表现技术的室内设计师可在较短的时间内以极为精炼概括的笔触、色彩将设计效果呈现在纸面上,为数不多但严谨到位的线条、色块依然能较为直观、准确地传达出设计构想与效果,而其表现效率之高却是电脑表现无法比拟的。除了在表现速度上体现出快速性的特点,工具材料(纸张、钢笔、马克笔、彩色铅笔等)使用的便携性也使室内手绘可适用于多种场合的即时表现。只要条件允许,作者无需固定地在办公桌前完成一张室内效果图的手绘表现,即使在车行途中或是与业主交流设计想法的过程中都可随时作图。这种随时随地表现的特点也从另一个层面体现出手绘作为表现手段的优势(图1-35、图1-36)。

图1-35 快速性（作者：盛超）

图1-36 快速性（作者：孙大野）

## 五、室内手绘效果图的画面构成要素

### (一)画面构图

画面构图是指场景中各元素在画面中的位置安排及空间组合关系,它主要包含幅面样式选择、视觉中心营造和画面正负形的控制三个方面。

(1)幅面样式选择:在绘制室内手绘效果图时,首先应根据所选择的室内场景的空间尺度、环境特点等因素决定其幅面样式。常见的幅面样式有方形式、横向式和竖向式之分,方形式构图适宜表现空间的局部或高度和宽度相近的空间,画面显得大气沉稳(图1-37);横向式构图适宜绝大多数空间场景的表现,画面元素呈现安定平稳之感,使室内场景显得开阔舒展(图1-38);竖向式构图适宜表现纵深感较强、竖向空间尺度较高的室内场景,它呈现高耸上升之势,使空间显得雄伟、挺拔,充满气势(图1-39)。

图1-37 方构图(作者:刘宇)

图1-38 横构图（作者：刘宇）

图1-39 竖构图（作者：李明同）

（2）视觉中心营造：画面构图的美感来源于组成场景的各元素间的主次、轻重关系，通过这种关系的组织形成画面的视觉中心。强调了视觉中心的画面既能够吸引观者的注意力，让他们能着重欣赏设计者想要重点表达的部分，也能有效地克服画面中的平均主义和平铺直叙，使场景表现出清晰而丰富的节奏感。如果在表现中忽视了这一点，画面会显得呆板、平淡缺少生气，也不能有效地传达设计者的主要意图。为了强调画面视觉中心，作者需通过对画面进行主观的艺术处理来突出某一部分，从而将观者的注意力引向构图中心，形成强烈的视觉聚焦感。

常见的视觉中心处理手法：元素描绘强调虚实对比，以形成中心（图1—40）；采用诱导性构图，以形成中心（图1—41）；对需强调部分加以重点刻画，以形成中心（图1—42）。

图1—40 虚实对比形成中心（作者：郑孝东）

图1-41　诱导式构图形成中心（作者：岑志强、刘东）

图1-42　重点刻画形成中心（作者：辛冬根）

（3）画面正负形的控制：室内手绘效果图（一般多指快速表现）中在处理画面的边缘时，往往结合画面的轮廓线而形成正负形相结合的图面关系。在画面的处理中，常常需考虑利用正负形的关系来表现黑白、虚实的对比，在图面边缘留出符合透视关系的剪影或空白，既省略了笔墨，使构图变得紧凑，又能极大地丰富视觉感受，使画面表现充满趣味，更加耐人寻味。正形需符合形式美的规律，负形同样需要精心安排，也需要尽可能地留出合适的形态以使画面的构图获得平衡的美感（图1-43）。

图1-43　画面正负型的控制（作者：李磊）

## （二）画面色彩

室内手绘效果图是通过对画面色彩的赋予来渲染和塑造空间的氛围、虚实关系、材料质感等要素的。色彩的运用一方面要表现出物体的固有色，让观者清楚地了解各物体所使用的色彩，并能对空间色彩整体搭配的和谐性和色调的雅致性做出判断；另一方面要表现出光源色对于物体的影响，即通过光源色的描绘塑造特定的环境气氛，或热闹，或宁静，或温馨，或神秘。通过色彩的影响，画面被赋予了力量，所有的场景元素不但变得栩栩如生，充满生命力，而且画面变得真实可感，使其能够激发观者不同的心理感受，更容易被观者所接受并获得情绪的感染（图1-44）。

画面色彩的组织主要是依靠同类色的搭配及对比色的互补来使画面色调协调统一的。在"大统一，小对比"的原则下，通过统一的原则来选择画面中的主导色彩，用以描绘画面的主体元素，运用对比的原则在画面的各个局部形成一定的色彩反差，以活跃画面气氛。同时，色彩的明暗渐变和冷暖对比的合理运用也能有助于表现空间的纵深感和空间内物体的体积感，让画面呈现出真实感（图1-45）。

图1-44　画面色彩（作者：赵杰）

图1-45　画面色彩－大统一，小对比（作者：苗长银）

　　在室内手绘效果图中，色彩的运用方式主要分为两个类别，其一是以色彩关系的表现为主要手段的表现方式，在以白描为主的线稿上赋以充分的颜色并强调明暗变化，以此表现画面的空间感、体积感和色调，它的上色时间相对较长（图1-46）；其二是以钢笔线描为基础并略施淡彩的表现方式。底稿可以是明暗关系表达较为充分的钢笔线描，也可以是寥寥几笔而极具概括性的钢笔线稿。然后用马克笔、彩色铅笔、水彩等绘画工具表现主要物体、主要体块的色彩关系。画面色彩较淡，塑造不求面面俱到。它类似于水彩画小品，色彩以点睛的目的为主，因此上色时间也较短，适合于快速表现（图1—47）。

图1-46 色彩表现为主，钢笔线稿为辅（作者：孙大野）

图1-47 钢笔线稿、色彩并重的手绘图（作者：孙大野）

### （三）画面笔触

　　室内手绘效果图中最富有艺术表现力的是笔触，它最能体现作画者的情感思想，同时也是最能体现绘图技巧的要素。它的不同组合方式和灵活多端的变化构成了画面的"肌理感"。笔触运用得合理，画面的塑造便会变得轻松而有章法，较易表现出空间感和体积感。笔触运用得混乱，画面上呈现的也会是杂乱无章的局面，不但会破坏形体空间的塑造，也会让作画者花费了很多时间却只得到事倍功半的效果。室内手绘效果图中绝大多数的表现方式对笔触的排列有着严格的要求，因此在塑造画面时，用笔的方向、宽窄、疏密、收放等都应非常地讲究，需在一定规则的指导下进行合理地运用。它的正确而灵活的运用对画面的最终表现效果产生重要的影响（图1-48～图1-51）。

图1-48　画面笔触（作者：夏克梁）

图1-49　画面笔触
（作者：李磊）

图1-50　画面笔触
（作者：盛超）

图1-51　画面笔触
（作者：盛超）

### （四）画面的材料与质感

质感是指材料的一系列外部特征，包括色泽、肌理、表面工艺处理等。室内的任何物体和空间表面都是由一定的材料构成的，无论是光滑还是粗糙、柔软还是坚硬，它们的存在及相互间的搭配组合都会让室内呈现出不同的视觉效果。室内手绘效果图中对于材料及质感的表现也是画面塑造的重要环节。材料是物体的外表皮，因其不同表面的组织结构的差异性而使得吸收和反射光线的能力也各不相同，会显现出不同的明暗色泽、线面纹理，在画面中需通过对质感的刻画加以体现。正确地表达出空间内的各部分材料及质感，是室内手绘效果图的基本要求，也是使画面呈现真实感的重要途径（图1-52～图1-55）。

图1-52、图1-53 材料的质感表现（作者：孙大野）

图1-54、图1-55　材料的质感表现（作者：谢国威）

### （五）画面的光影处理

画面的光影包含光和影的相互关系，没有光影的画面易产生平涂的色块，形成过于装饰性的图案效果，缺少三维的空间感。光线的射入必定会使物体产生界面明暗的渐变和不同形状的阴影，光线与投影是营造室内空间气氛和意境的最基本元素，也是增强画面空间感和立体感的主要手段。晴天或是阴天的自然光、早晨或是傍晚的太阳光、片状的、线状的或是点状的人工光、强烈而刺眼的或是柔和而平静的装饰光都能为室内增添特有的气氛，让单一的空间产生丰富的视觉变化，带给空间使用者丰富的心理感受。光影在画面中不仅增强了明暗色彩的视觉层次感，也让画面变得更富有艺术性和变幻感。

在描绘室内效果图之前，首先应分析受到自然光源与人工光源影响而造成的光影效果，掌握表现光感的各种技巧，在画面的基本明暗色彩关系确立的基础上，分析在不同的光照影响下的空间光影存在状态，体会自然光源特征、人工光源特征、室内外阴影生成和变化的状态与规律（图1-56～图1-60）。

图1-56 自然光（作者：谢国威）

图1-57 自然光（作者：盛超）

图1-58、图1-59 人工光（作者：孙大野）

## 六、室内手绘效果图的表现题材

室内设计手绘表现图根据表现内容的不同，主要可分为两大类：住宅空间及公共空间手绘表现图。

### （一）住宅空间

住宅空间表现图以表现住宅内部主要的使用空间为主，大多为客厅、卧室、卫生间等效果图，多为纵深度不大的中小型室内空间（图1-60～图1-62）。

图1-60、图1-61 住宅空间（作者：孙大野）

图1-62　住宅空间（作者：谢国威）

## （二）公共空间

公共空间表现图以表现各种公共建筑的空间效果为主，它包含服务空间、娱乐空间、办公空间、中庭空间等场景效果（图1-63、图1-64）。相比住宅空间效果图，公共空间效果图表现的内容更为广泛、多样，除了需要表现好家具等基本元素以外，很多还需要对各种不同性质、不同结构的空间进行详细描绘，它也常常涉及到多种表现技法，因此所涉及的技术也更为综合，更为多变（图1-65、图1-66）。

图1-63　交流空间
（作者：盛超）

图1-64　餐饮空间（作者：孙大野）

图1-65　餐饮空间（作者：孙大野）

图1-66　商务办公空间（作者：孙大野）

图1-67　售楼处空间（作者：孙大野）

# 第二章 室内设计手绘表现图的训练及方法

## 一、选择并认识工具

### （一）马克笔

#### 1.马克笔特点概述

马克笔取自"Marker"的音译，是目前室内设计表现中最常用的快速绘图工具。每一个品牌的马克笔色彩种类一般为60种或120种，有彩色系和灰色系之分。马克笔最大的特点是色彩剔透、着色简便、笔触清晰、风格豪放、成图迅速、表现力强且便于携带，其色彩在干湿状态不同的情况下不会发生过多的变化，着笔后就可以大致预知笔触凝固于纸面后的效果，使设计师较容易地把握画面各阶段的效果，作图时能做到心里有数（图2—1）。

一般的绘画颜料，通过媒介的调和，可以产生出不计其数的色彩种类。而马克笔的色彩种类相对较少，且在使用次数过多和使用时间过长的情况下，笔芯中的色彩会逐渐呈现出干枯的状态，以致画出略带色彩痕迹的枯笔，因此为了能更有效地使用马克笔，设计师可以尝试使用以下的方法再度利用废弃的马克笔，不仅可以延长其使用寿命，而且能在原有的基础上丰富马克笔的颜色种类，在循环使用的过程中也有效节约了成本。

方法一：巧用枯笔，表现质感

留住在使用中已经略微出现干枯痕迹的马克笔，将它们作为表现家具木纹、植物盆景等肌理的最佳工具，用于画面元素细节的添加。其描绘的笔触轻重相间、连断有序，可使细节效果显得生动而自然，也富有趣味性。但要注意的是，枯笔不宜在画面中出现太多，否则会影响画面的整体效果（图2—2）。

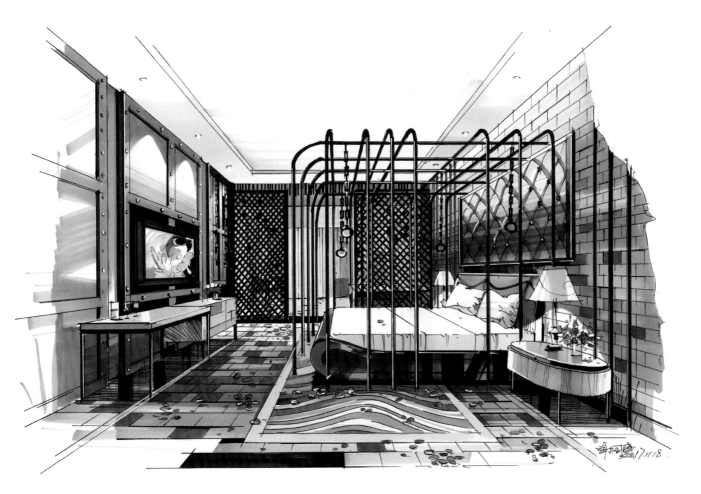

图2-1 用笔预知效果（作者：谢国威）

图2-2 巧用枯笔，表现质感（作者：刘永喆）

方法二：添加颜色，修整笔型

若是长时间使用水性麦克笔作画，在笔芯中的水分干枯的情况下，可以取下已经完全干透的麦克笔的笔头，抽出笔芯，用透明水色调出所需的颜色并重新灌入其中，再将已经因长期频繁使用而遭到磨损变钝的笔尖用小刀进行加工，削或是割出各类非常规的笔尖形状。这样，经过了重新加工的麦克笔不但拥有了新的色彩，而且笔尖的造型更为多样，可满足各种不同宽度的线型的表现要求，扩展了其使用范围（图2-3）。

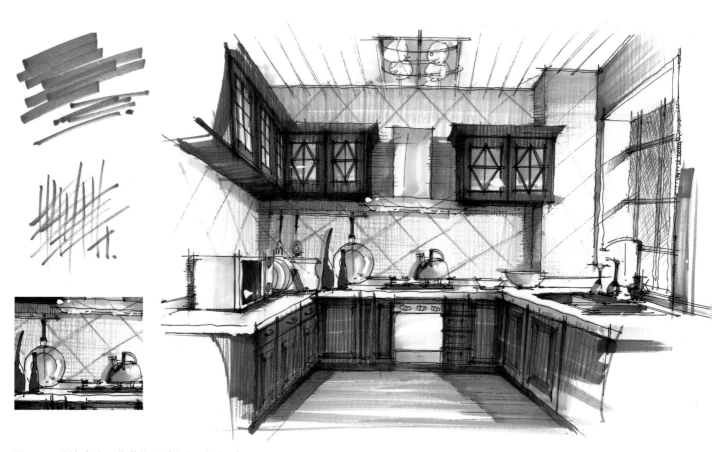

图2-3 添加颜色，修整笔型（作者：刘永喆）

方法三：添注清水（或酒精），处理效果

将已经干透的水性（或酒精）麦克笔的笔头取下，在笔芯中注入清水（或酒精），制作成一支无色的水性（或酒精）麦克笔。利用无色麦克笔在使用过程中的水分（或酒精）渗透，将深浅色阶的交界面加以自然地过渡，使其成为消除色阶、处理退晕效果的理想辅助工具（图2-4）。

图2-4　添注清水（或酒精），处理效果（作者：夏克梁）

在麦克笔使用的过程中，应该养成良好的使用习惯，使用完毕后及时盖好笔帽以减少麦克笔填充剂的挥发，延长麦克笔的使用寿命。

**2.马克笔的分类**

马克笔既可根据笔芯中颜料特性的不同进行区分，也可根据其色彩种类的不同加以区别。

根据马克笔颜料的成分及特性的不同，可将其分为油性、水性和酒精三种类型。油性马克笔的特点为笔触极易融合，渗透性强，色彩均匀，干燥速度快，耐水性较强，而且具有较好的耐光性。它在使用中含有较重的气味。市面上常见的油性马克笔品牌主要为美国的AD、美国的PRISMA，以单头笔尖的为主。酒精马克笔采用酒精性墨水，散发的气味较清淡，速干防水，笔触衔接、叠加较为柔和，使用效果接近于油性。市面上常见的酒精马克笔品牌有韩国的TOUCH、日本的Z/G、国产的STA等，以双头笔尖的为主。在使用过的众多马克笔品牌中，国产的法卡勒最值得推荐。该品牌的马克笔色彩柔和，笔头相对柔软且富有弹性，更重要的是价格适中，能被大部分学生所接受（图2-5）。水性马克笔颜色亮丽、透明感好，具有水彩颜料的特点，但是也有诸如笔触衔接感明显、色彩叠加因水分沉积而显得浑浊等问题。市面上常见的水性马克笔品牌有日本的MARVY、日本的SAKURA、国产的法卡勒水性马克笔等，双头、单头笔尖的均有（图2-6）。这些不同品牌和种类的马克笔在各大画材专卖商店、文具市场均有销售，价格从几元到几十元不等，使用者可在对不同特性及品牌的马克笔进行一定的了解之后，根据需要进行选择，也可以从不同品牌中挑选所需颜色混合使用。

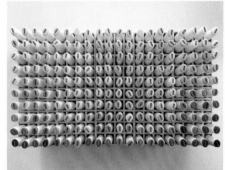

图2-5、图2-6　酒精麦克笔

在作图时，如果大量的马克笔混为一堆，毫无规律地放置，那么在作画的过程中就会将大量的时间用于寻找需要的笔号或是色彩。如此一来不但浪费了时间，而且容易忙中出错，误选颜色，带来额外的麻烦。为了避免这些问题，可根据马克笔的色系进行分类，将具有相近颜色的笔归于一类，大致区分出几组颜色，按照一定的排列规律放置，以便在绘图过程中更好地寻找所需的颜色。这样有助于在作画中把握色调，提高作图效率（图2-7）。

根据马克笔的色彩种类，大致可将其分为灰色系列和彩色系列两大类，彩色系列中又可细分为红色系列、棕色系列、黄色系列、蓝色系列、绿色系列等。

图2-7 把握色调（作者：杨健）

### 3.马克笔绘图相关工具材料

不同类型的马克笔除了具有不同的特性和表现效果之外，不同类别和特性的辅助工具材料也对最终表现效果起着一定的影响。马克笔绘图相关工具主要为不同类别的绘画辅助用笔及辅助器材，材料主要为各类绘画用纸。

（1）绘图辅助用笔

绘图辅助用笔主要包括着色前使用的钢笔稿描绘工具和着色后的修饰工具。钢笔线稿的描绘主要使用各种型号、不同笔尖粗细的签字笔、钢笔或针管笔（图2-8）。在马克笔快速表现中常用一次性签字笔画线稿，使线条的表现更为自由奔放、生动活泼、富有视觉张力（图2-9）。签字笔线条绘于纸面便迅速吸附，在马克笔上色后一般也不会因水分的渗透扩散而弄脏画面。在实际使用中也可以将钢笔稿进行复印，然后再着以颜色（图2-10～图2-15）。

彩色艺线笔

图2-8 彩色艺线笔及线稿（作者：孙大野）

图2-9 钢笔线稿（作者：王岚）

图2-10 局部彩铅辅助（作者：苗长银）

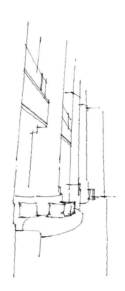

图2-11~图2-13 绘制步骤
（作者：曾海鹰）

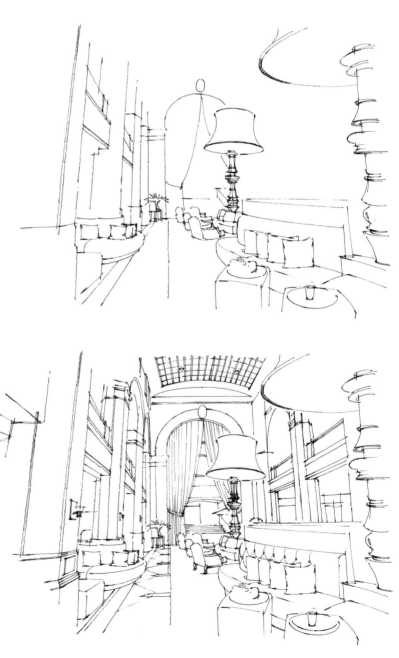

图2-14、图2-15 绘制步骤(作者:曾海鹰)

彩色铅笔是马克笔最好的辅助工具之一，它不仅能弥补马克笔因数量的不足无法对某些色彩进行描绘的缺憾，而且能够弥补马克笔在色彩和明暗的退晕处理上的薄弱以及解决其较大面积的着色问题。彩色铅笔的色彩明度增减灵活，细节刻画能力强，色阶过渡自然。借助彩色铅笔的优势，马克笔的表现效果如虎添翼，笔触刚中带柔，色彩也变得细腻丰富（图2-16）。

图2-16　麦克笔上色，彩色铅笔调整修饰（作者：刘宇）

（2）绘图用纸

纸张是绘图的基本材料之一，它的种类和特性对于马克笔来说尤为重要，也会对马克笔成图后的色度深浅、明暗程度、色相变化、笔触融合等方面产生一定的影响。由于马克笔的笔尖在宽度上的限制，因此马克笔的画幅通常不宜过大，一般选用A3及以下幅面大小的纸张进行绘制，最大也不宜超过A2图纸大小的幅面。常选用的纸张除了有专门配合马克笔表现的马克笔专用纸外，通常还有复印纸、速写本、硫酸纸、有色纸等。

马克笔专用纸：针对马克笔的特性而设计的绘图用纸。它的特点是纸张的两面均较光滑，都可用来上色，纸质细腻，对马克笔的色彩还原度较好。常见的为120克的规格，大小为A3和A4（图2-17）。

复印纸：复印纸是目前市面上购买最为方便且使用率较高的纸张。它的特点为价格便宜，纸面较光滑，呈半透明状，吸水性能中等，色彩附着后呈现的色相基本和笔的固有色相同，适宜于干画法的表现。常用的规格为A3或是A4（图2-18）。

图2-17 画在马克笔专用纸
上的效果（作者：赵杰）

图2-18 作者：苗长银

速写本：速写本也是马克笔表现常用纸张之一。它的最大特点为装订成册，携带方便，可满足外出写生以及与设计委托方交流之用。市面上常见的速写本主要为素描速写本，纸张类似于铅画纸，纸面纹理略粗，颗粒感强，吸水性能也较强，水分在纸面上能迅速扩散使笔触较易融合（图2-19）。

有色纸：有色纸的色彩规格较多，各类纸张的色系和质地的差距也较大。采用有色纸进行马克笔表现是一种较为便捷的方法，主要就是利用纸张固有的颜色形成统一的色调，降低色彩搭配和色调控制的难度。在市场上有各种花样的有色纸，为配合马克笔表现的特点应选择灰色系纸张为宜，因为以灰色为主的调子常给人以高雅脱俗之感，能够克服马克笔色彩饱和度过高的问题，可使马克笔的画面呈现出较以往不同的感觉。在着色过程中对纸张固有色彩的合理保留是重要的环节，常以纸的固有色为中间色，暗部加深，亮部加粉（或白色涂改液），配以彩色铅笔的辅助，使画面色彩易达到和谐统一。在有色纸上表现也存在比较明显的缺点，因纸张本身带有颜色，在与马克笔的色彩交叠后会产生新的色彩，常会使落笔后的色彩达不到预期估计的效果而导致画面的色彩有所偏差。因此在作画前必须反复尝试，对纸张上色后产生的效果做到心中有数（图2-20）。

图2-19 画在速写本上的效果（作者：曾海鹰）

图2-20 画在有色纸上的效果（作者：郑孝东）

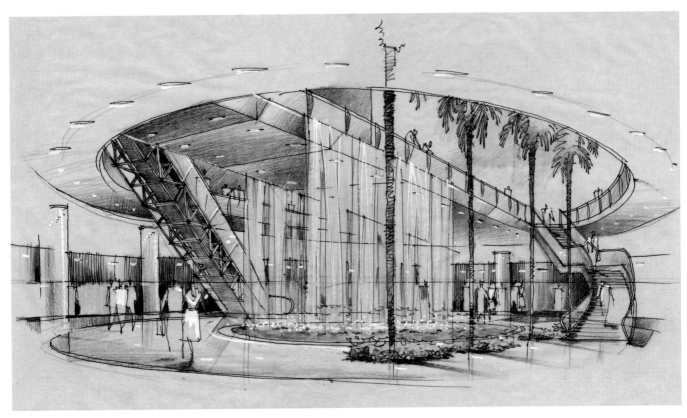

图2-21 画在有色纸上的效果（作者：李涛）

硫酸纸：硫酸纸也是马克笔表现中使用率较高的纸张，其特点为表面光滑，质地透明，易用于线稿拷贝，笔触也易融合，但是耐水性差，沾水后易起皱，同时天气的干湿变化也会对纸张的平整度和光滑度产生一定的影响。马克笔在硫酸纸的正反面均可上色，通过双面颜色的叠加和互补以达到特殊的效果。为了准确地显示色彩效果，在上色完成后需要装裱在白色纸上。硫酸纸比较适宜油性及酒精马克笔特点的发挥（图2-22）。

（3）其他辅助工具

除了上述提到的两类相关工具以外，用马克笔作画还需配备一些其他类别的辅助工具，常用的包括有直尺、告事贴、涂改液、水彩颜料、透明水色、白纸等。这些工具虽然使用频率不算很高，但是也能对某些画面的表现过程起到适时而有效的帮助。

图2-22 画在硫酸纸上的效果（作者：陈舒梦）

直尺：在使用麦克笔作画时，初学者往往对所画线条（笔触）的粗细、均匀及挺直程度难以很好地控制，尤其是在用徒手绘制一些距离过长的线条时，常常容易形成扭曲、抖动、无力的笔触，甚至是断笔。借助直尺一类的工具用于马克笔画线的辅助，让笔尖依附于尺的边沿进行排线，这样不但可使线条挺直均匀、整齐有序，而且也可提高画面的整体感和规范性，有利于增强画面的表现效果。同时，为了避免马克笔在运用时因为贴尺边沿太近，而使色彩沾染在尺的侧边上，导致在继续画线的过程中在画面上留下各种色彩痕迹，破坏画面的整洁性，所以在此之外还需配备卫生纸或抹布，以便在画线的过程中随时将遗留在透明直尺上的颜色污迹擦去，以保证效果图的绘制能够按部就班、有条不紊地进行（图2-23）。

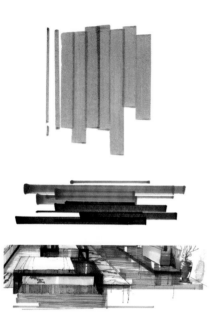

图2-23　直尺的使用（作者：金毅）

告事贴：告事贴也叫百事贴，是常用的现代化办公用品，多用于各单位办公的记录和留言，也可用作书的页码标记。其页面的一边具有低度粘性，其特性与水粉喷绘的粘膜纸相近，撕开时贴纸面与画面分离迅速，不留任何痕迹，也不会损伤纸面。初学者在画到直线物体边缘或是直线交叉的边界时，排列的笔触末端在边缘线附近往往形成参差不齐的锯齿形，并留下明显的色迹。利用告事贴的单侧边缘有粘性的特点，将数张告事贴整齐排列，这样就能简单迅速地遮盖需要保护的边缘，画时按照平时的用笔方式将笔触依次排开，许多长短不一的线段会画到告事贴的表面。在完成后揭开告事贴即可，边缘线将会显得挺直而干净（图2-24）。

图2-24　告事贴的使用（作者：华晓平）

　　水彩、透明水色：水彩、透明水色、马克笔（水性）三者之间由于都具有共同的特点，即色泽艳丽、透明度高、可与水相溶而显得活跃灵动，所以在手绘表现中常被综合起来加以使用。水彩、透明水色可以弥补马克笔在表现方面的不足，如大面积的着色、柔软材料的质地表现及需要借助于湿画法加以完成的表现等，与马克笔的特点形成优势互补，让马克笔表现呈现出不同于以往的效果，使画面活力感更强（图2-25）。

　　涂改液：涂改液的特点在于它具有较好的覆盖力，可以在马克笔表现得不甚理想之处加以修改。它有助于马克笔提亮高光部位和局部受光面，并且修整物体的边缘线（图2-26）。

图2-25　水彩的使用（作者：岑志强）

图2-26　涂改液的使用（作者：孙大野）

白纸：这里所说的白纸是作为马克笔作画的一种辅助修改手段，通过剪贴的方式结合马克笔的笔触表现通透的视觉效果。马克笔因落笔后不易修改，因此可以采用将纸片修剪成需要的形状，粘贴后再进行修改，以达到较为理想的效果（图2-27）。

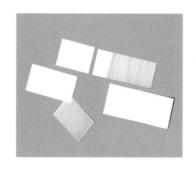

图2-27　白纸的使用（作者：金伊丹）

## （二）彩色铅笔

### 1. 彩色铅笔特点概述

彩色铅笔即带有颜色的铅笔，由具有高吸附显色性的高级微粒颜料制成，其形状及使用方法与普通铅笔相似，以线的排列为主，在各类型纸张上都能均匀着色，流畅描绘。它可供选择使用的颜色种类较多，作画时依靠色彩的明暗渐变和色彩的叠加营造画面空间关系、体块关系和色彩关系。彩色铅笔有水溶性和油性之分，水溶性彩铅的线条画于纸面上后，经毛笔蘸水涂抹，通过水来融合原本生硬的笔触、淡化并混合色彩，产生类似于水彩渲染的效果（图2-28）。

### 2. 彩色铅笔的使用

除马克笔之外，彩色铅笔也是室内设计手绘表现图中最常见的工具。彩色铅笔表现性强，使用方法较易掌握，可配合橡皮反复修改色彩，可以单独用以完成室内

图2-28　彩色铅笔

效果图的表现，也可作为马克笔、水彩效果图的辅助工具用以色阶的过渡和画面的润色。该表现技法的缺陷是由于受到工具本身大小的限制，在表现较大的场景或是大面积色块的时候会显得较为吃力，需花较多的时间去完成（图2-29～图2-34）。

图2-29、图2-30 使用彩色铅笔所表现的效果（作者：辛东根）

图2-31　彩铅所表现的效果（作者：李涛）

图2-32　彩铅所表现的效果（作者：李磊）

图2-33　彩铅所表现的效果（作者：刘卉铭）

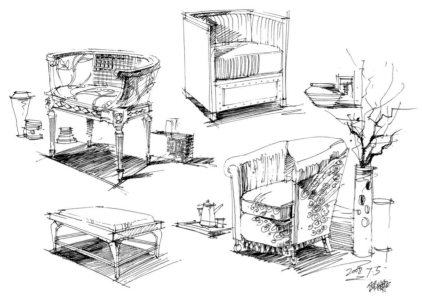

图2-34、图2-35　钢笔线稿练习（作者：邓蒲兵）

## 二、基础性表现练习

基础性练习是让初学者能够较快熟悉马克笔这种绘图工具的有效途径，也是摸索其应用特点的有益尝试。通过以下的练习方式，初学者能够较为全面地认识和了解马克笔的基本特性，为后续表现完整的室内场景打下坚实的基础。

### （一）钢笔线稿练习

描绘一张用线较为严谨、构图较为完整的钢笔线稿是室内手绘表现的首要环节。它以线条搭建起画面的基本框架，为后续的马克笔或彩铅刻画提供空间、形体等方面的参考依据，其对最终表现效果影响不言而喻。没有良好的钢笔线稿做基础，马克笔或彩铅也就无法发挥作用，画出好的画面效果更无从谈起。因此，每一位初学者必须在该环节苦下功夫，勤于练习，迈好这极为重要的第一步（图2-34～图2-36）。

图2-36　钢笔线稿练习
（作者：尚龙勇）

钢笔线稿练习的任务之一是用线条将室内空间的透视、比例表现准确,以保证空间关系的合理性;任务之二是将主要的空间、物件的结构关系表现清楚,保证其客观性;任务之三是形成和谐均衡的画面构图,保证画面的视觉舒适性;任务之四是组织好图内各元素之间的关系(主次、疏密、繁简、大小等关系),保证画面的美观度和艺术性。初学者在练习过程中都应随时对照以上4项内容,检查自己在各项关系是否都能做到基本到位(图2-37~图2-42)。

图2-37 钢笔线稿练习(作者:李磊)

图2-38 钢笔线稿练习(作者:刘宇)

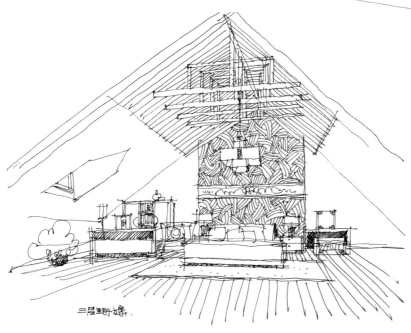

图2-39 钢笔线稿练习(作者:辛冬根)

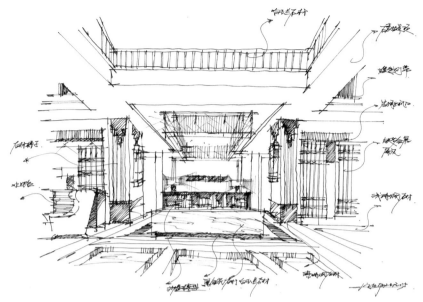

图 2-40～图 2-42 钢笔
线稿练习（作者：刘宇）

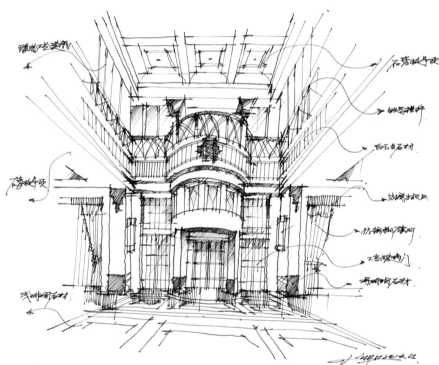

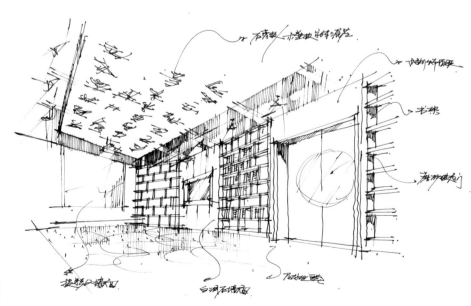

## (二)线条(笔触)的排列组合练习

线条(笔触)的练习是马克笔表现的重要练习环节之一。作为构成马克笔表现体系的最基本单元,线条(笔触)运用的合理程度如何,熟练与否,将会直接影响到画面的表现效果。掌握了线条(笔触)的表现技法,无论在处理何种类型的室内手绘效果图时都能做到胸有成竹,游刃有余。若不能熟练地控制线条的长短曲直、粗细疏密,不能合理地对线条(笔触)的排列组合关系进行协调统一,那么在表现过程中很可能出现线条(笔触)破坏画面的整体感,影响室内空间和形体的整体塑造等问题,画面效果也难如人意。

线条(笔触)的练习主要是对各种不同类型的线条的排列组合方式加以训练,包括使用马克笔画各种长线、短线、直线、斜线、弧线、曲线等练习,从中掌握线条运用的规律。通过前面章节所述的表现规律的指导,只要在平时坚持用笔的实践练习,提高用笔的熟练性,必能在今后的马克笔室内效果绘制中做到笔随心动,收放自如。无论是细致刻画还是快速表现,都能做到得心应手,从容应对。

各种类型的线条练习:长线、短线、长短线结合;直线、斜线、弧线、曲线、综合运用(图2-43~图2-45)。

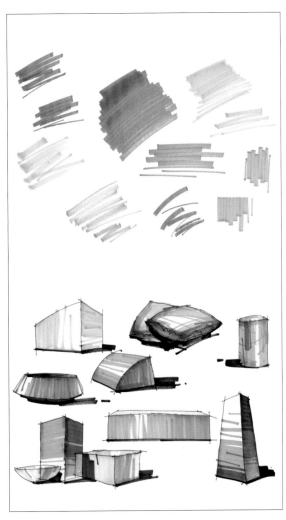

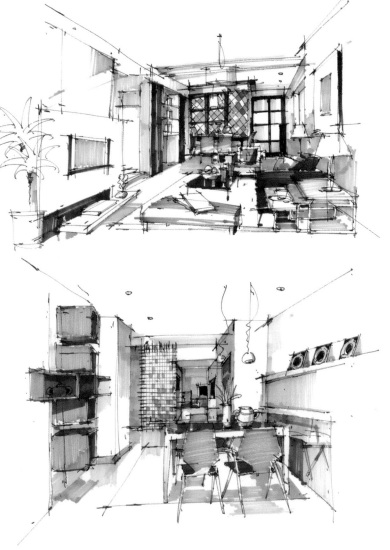

图2-43　各种类型的线条练习

图2-44、图2-45　线条在画面中的运用(作者:刁晓峰)

### （三）色彩的搭配组合练习

色彩的搭配组合练习也是马克笔表现的基本练习方式之一，主要是通过此练习熟悉并掌握马克笔的色彩搭配规律。对于手绘表现图而言，只有合理的色彩搭配才能形成画面色调的和谐，色调能否合理地组织会直接影响到画面的视觉协调性和真实感的呈现。因此，色彩的组合练习也是画面色调组织的基础。马克笔色彩数量较多，若对每种色彩的搭配组合效果不够熟悉的话，必定会造成色彩运用的失调或是因反复试色而使得作画效率低下。通过日常练习掌握几套画面色调的组织方法，有助于我们合理有效地利用一些色彩种类相对固定的马克笔，在各种情况下都能以较短的时间熟练地完成色调的表现，而无需浪费多余的时间、花较多的精力去研究色彩的变化。

常用的画面色调练习主要包括主导色调和练习、同类色调和练习、对比色调和练习、光源色调和练习、中性色调和练习、色调的变换练习等。主导色调和是指场景中某一颜色占据了较大的比重，将该种颜色确定为画面的主色调，并适当配以其他的颜色以形成色彩的协调感（图2-46）。同类色调和是指通过色彩倾向相近的几种颜色的组合来表现场景，使画面形成倾向性明确的色调（图2-47）。对比色调和是指通过对比色的互补性来组织画面的色调，易形成鲜明而强烈的色彩关系（图2-48、图2-49）。光源色调和是指画面的塑造中加入光源色的冷暖倾向，使场景中的物体均适量地含有同一倾向的色彩，从而使色调统一（图2-50）。中性色调和是指通过降低画面中所有颜色的纯净度，使画面色彩形成协调感并呈现中性倾向的色调（图2-51）。色调变换是指通过画面颜色的整体转换，以形成不同色彩倾向和色彩关系的场景，并保持色调的协调性。通过这些分类的色彩组合练习，能较为有效地对各种马克笔色彩的搭配效果形成直观的概念，在实际的表现过程中能选择性地加以应用（图2-52、图2-53）。

图2-46 主导色调和练习（作者：刁晓峰）

图2-47 同类色调和练习（作者：杨健）

图2-48 对比色调和练习（作者：广阔）

图2-49 对比色调和练习（作者：李磊）

图2-50 光源色调和练习（作者：陈凯）

图2-51 中性色调和练习（作者：李磊）

图2-52 色调变换练习（作者：曾海鹰）

图2-53 色调变换练习-电脑调整（作者：曾海鹰）

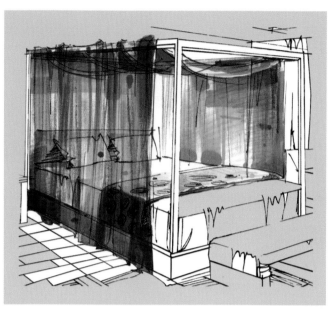

图2-54 材质－布幔（作者：邓蒲兵）

## （四）材质表现练习

　　质感反映物体的外部特征，对区分物体的材质起到直接的作用。质感的表现关键在于对材料表面的光反射程度的描绘。各种材料表面对光线的反射能力强弱不一，需针对材料的特点来对质感加以表现。玻璃、金属或是抛光的石材对光线的反射能力较强，会形成一定的镜面效果并容易产生高光，在刻画时需注意表现出较为明显的反射效果；木材、墙面漆等材料对光线的反射较弱，刻画时略带光影反射表现即可；砖、织物和壁纸一类材质对光线的反射能力很弱，表现中无需刻意强调反光和明暗反差。抓准了材料在受光时表现出的不同特性，质感刻画的问题也就迎刃而解了。

　　质感表现举例：织物、玻璃、木板（木饰面）、瓷砖、等（图2-54～图2-60）。

图2-55 材质－窗帘（作者：邓蒲兵）

图2-56 材质－玻璃（作者：夏克梁）

图2-57 材质－木材（作者：夏克梁）

图2-58 材质－地板（作者：邓蒲兵）

图2-59 材质－织物（作者：夏克梁）

图2-60 材质－瓷砖（作者：夏克梁）

## 三、手绘表现练习程序

采用马克笔绘制效果图属于技能型较强的专业训练，要熟练地掌握并运用好这类表现形式，须遵循一定的学习步骤。一般由浅入深、从简到繁、循序渐进地开展学习，并在学习过程中完成大量的练习，以促进学生对于该项技能的牢固掌握。马克笔表现的学习过程主要可分为以下4个阶段：

### （一）家具单体塑造练习

家具的表现练习包含两个步骤，第一步先进行单色马克笔的表现练习，主要运用灰色系的马克笔来塑造形态关系（图2-61～图2-63）；第二步再进行色彩搭配的表现练习，运用不同的颜色来组织不同的色调，塑造色彩关系（图2-64）。练习中对于单体的表现既可全部使用马克笔这一种工具完成，也可运用彩色铅笔等辅助工具加以补充和润色（图2-65）。单体的单色表现主要包括三大步骤：首先是区分大色块及转折面，其次是加强区分明暗层次，最后是细节的（质感、纹理等）刻画和画面的调整。在色彩表现中需在单色明暗关系的基础上增添色彩关系，运用色彩塑造物体。

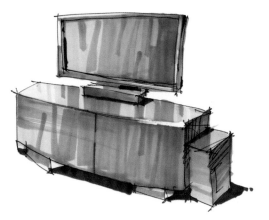

图 2-61　单体单色－电视柜（作者：夏克梁）

图 2-62　单色练习（作者：夏克梁）

图 2-63　单体单色－椅子及
家具组合（作者：项建福）

图 2-64　单体－椅子（作者：
邓蒲兵）

图2-65 单体－家具（作者：夏克梁）

　　家具单体及小型组合表现实例：沙发、座椅、床、柜（橱）及各类家具、座椅组合等。

　　单体家具在表现中最主要的是刻画物体的体积感，而体积感的塑造需要将物体的几个主要界面明确地区分开，这样才能使单体呈现出立体感。因此，牢牢抓住明暗交界线进行块面的塑造是最为有效的方法，在此基础上再进行深入塑造就变得水到渠成了（图2-66~图2-68）。

图2-66 单体－沙发（作者：王晨雪）

图2-67 单体—椅子与摆件（作者：谢宗涛）

图2-68-1 绿植及沙发等家具（作者：王岚）

### （二）家具组合表现练习

在单体家具塑造练习的基础上，应进行家具的组合表现练习。在开始练习阶段所表现的家具类型和数量不宜过多，选择2～3件常见的进行组合即可（图2-69、图2-70）。练习中除需达到单体家具塑造练习的基本要求外，重点对家具组群的空间关系、主次关系加以刻画，并通过色彩、线条笔触的变化和描绘程度的不同具体地反映到画面中，使之呈现出清晰有序的空间层次和视觉中心。作者可根据画面中家具的空间位置或是体量大小确定表现的重点，

图2-68-2 绿植及沙发等家具
（作者：王岚）

图2-69 床和床头柜的组合（作者：夏克梁）

图2-70 家具组合（作者：盛超）

对主体家具进行细致地塑造，对相对处于次要位置或体量较小的对象加以概括性地描绘，并控制好整体性与协调性。随着练习的逐步深入，可加入更多数量与类型的家具（包括陈设品），表现的原理和要求仍然保持不变，而画面的层次感应刻画得更为细腻、丰富（图2-71～图2-77）。

图2-71　空间局部（作者：孙大野）

图2-72　空间局部（作者：邓蒲兵）

图2-73、图2-74 空间局部（作者：邓蒲兵）

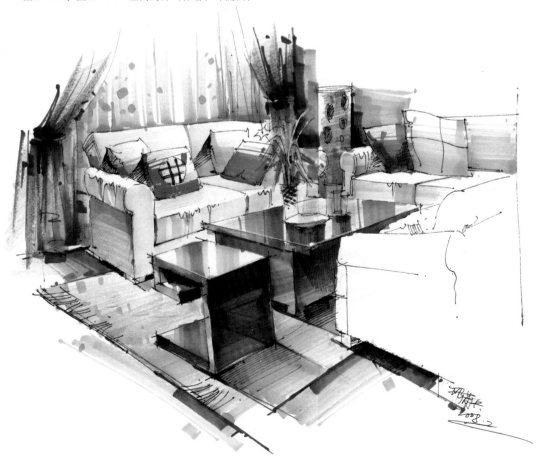

图2-75、图2-76　空间局部（作者：邓蒲兵）

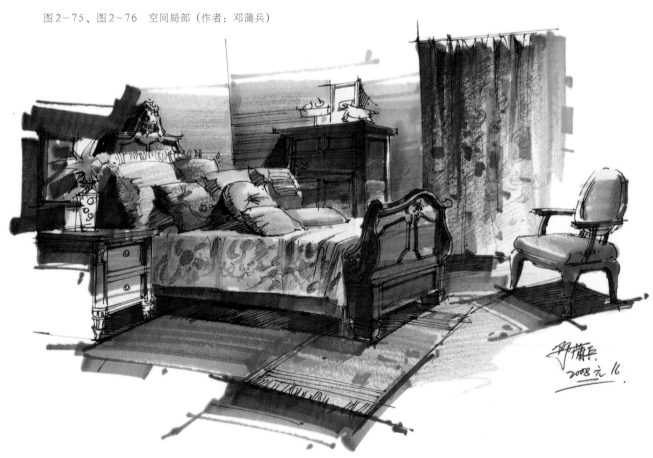

图2-77 小空间（作者：谢宗涛）

## （三）优秀作品临摹练习

通过临摹优秀的马克笔室内手绘表现作品，初学者可以最为直观地观察与研究马克笔塑造室内场景的表现技巧，较为快速地学习到用笔、用色的基本方法，最终找到适合自己的表现风格，培养自主表现的能力。

技法学习初期，一般宜选择画法严谨细腻的精绘室内表现作品作为临本，从中学习室内手绘表现图的一般规律，为后续的提高打下扎实的基础（图2-78）。到了提升阶段，则可选择画法简练概括、艺术表现性较强的快速表现作品作为临本，拓展手绘表现的适用面，使自己具备更为全面的设计表现能力（图2-79）。无论是基础学习还是技法提升，所临摹的作品应尽可能地适应个人的技术能力情况，不宜刻意拔高（图2-80、图2-81）。

图2-78 严谨细腻的精绘作品（作者：广阔）

图2-79、图2-80　简练概括、艺术表现性较强的作品（作者：杨健）

图2-81 简练概括、艺术表现性较强的作品（作者：杨健）

## （四）场景照片临绘练习

临摹室内实景照片是马克笔表现学习的重要阶段。在实景照片中看不到笔触的排列方式，看不到画面的繁简处理，这就需要通过认真地分析照片内各元素的结构关系、前后关系、明暗关系、色彩关系、光影关系等，运用马克笔的表现规律去仔细、耐心而又合理地塑造画面。在该过程中需要大量地临绘适合的照片，在不断的练习过程中体会用笔、用色的技法和画面处理的规律，并逐步培养起专业的观察分析能力和对马克笔的驾驭能力（图2-82～图2-84）。

图2-82 室内场景照片

图2-83 临摹和创作相结合（作者：孙大野）

图2-84    临摹和创作相结合（作者：孙大野）

# 第三章 室内设计手绘表现图的实践运用

## 一、彩色平面图及立面图练习

平面图与立面图是室内设计中最为常见的图纸类别。在制作方案文本时，为提高图纸的美观度和文本的丰富性，常常以马克笔、彩铅为工具，通过快速表现的形式对上述两类图纸以加以润色。这样不但使原本二维的线图变得更为立体、直观，同时客观性与真实感也得到有效提升，而且每一类图纸都能以统一以彩图的形式展现，保证了文本风格从始至终的连贯性与完整性（图3-1）。

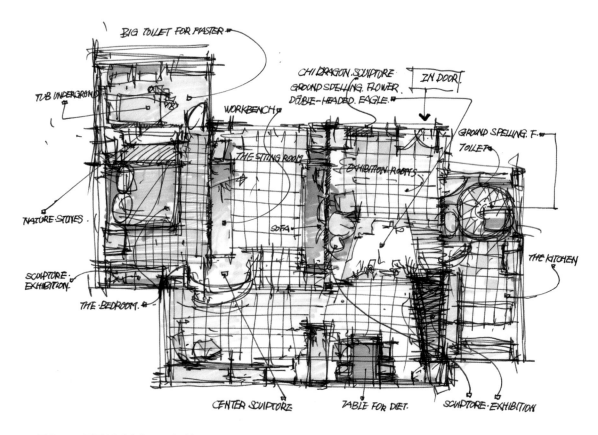

图3-1 平面图（作者：刁晓峰）

在实践练习中，由于平面图和立面图均为二维线性图，在快速表现中可适当运用效果图的空间处理手法，以投影、明暗、色彩等关系的刻画强调出空间的层次关系。除此以外，色彩关系应保持协调，材质表现应符合设计的实际情况（图3-2～图3-6）。

图3-2　平面图（作者：李磊）

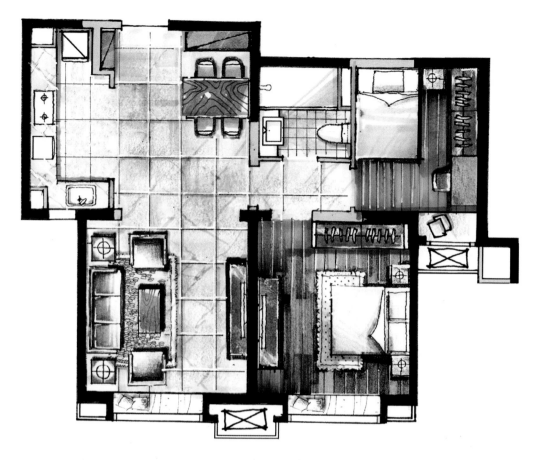

图 3-3　平面图
（作者：李磊）

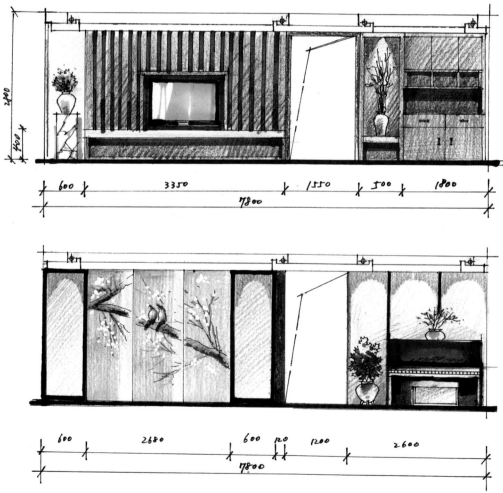

图 3-4　立面图
（作者：李磊）

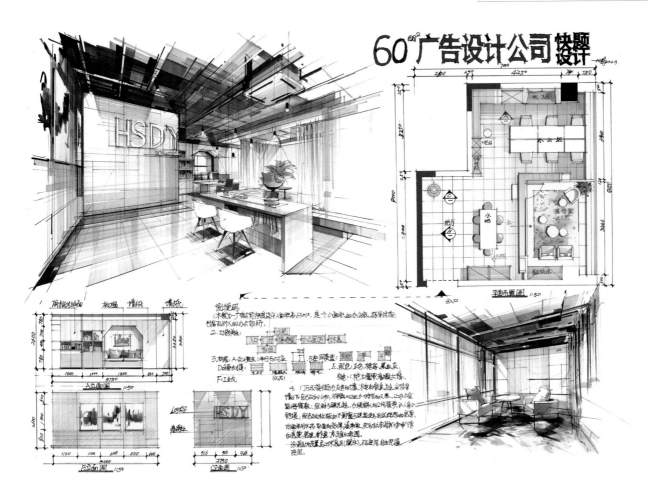

图3-5 60平米广告设计办公室(作者：孙大野)

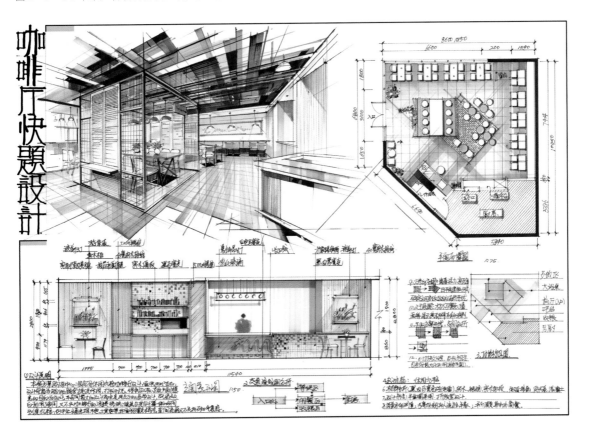

图3-6 咖啡吧快题设计(作者：孙大野)

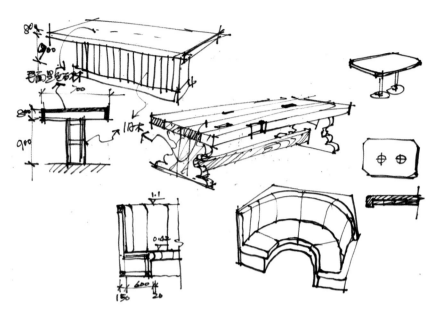

图3-7　家具构思草图（作者：辛东根）

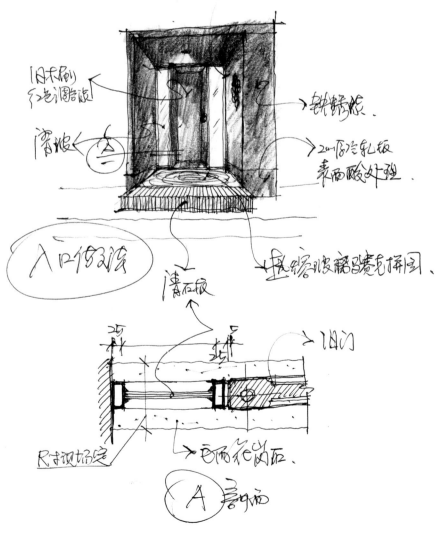

图3-8　门头构思草图（作者：辛东根）

## 二、选择角度勾画草图练习

选择角度、勾画草图是手绘表达在实践运用中的第一步。在设计实践中，选择最佳的视角有助于最大程度地表现室内的空间场景，勾画草图的主要目的在于怎样更好地表现空间和塑造物体。同时，多做选择视角、勾画草图有助于设计师提高手头的敏感度，使笔触与思维间快速衔接，培养快速应对室内效果表现的能力（图3-7～图3-9）。

该项实践练习需要设计师建立敏锐的主观意识，在较短的时间内对设计构想的表达方式作出选择，然后以熟练的图像语言简练地说明问题。练习中既需要在时间上做好严格的控制，也需要在概念表达的准确性、图面关系的清晰性和协调性等方面提出要求，使这几者尽可能获得平衡。绘制草图的过程中也可采用多方案比较的方法，以此提高对设计表现的快速判断能力（图3-10、图3-11）。

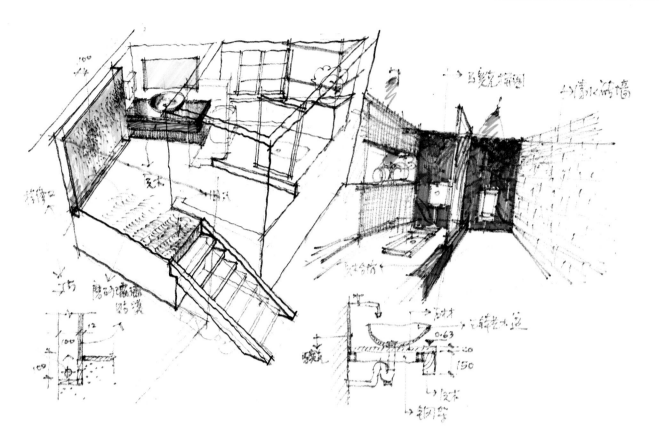

图3-9　卫生间构思草图（作者：辛东根）

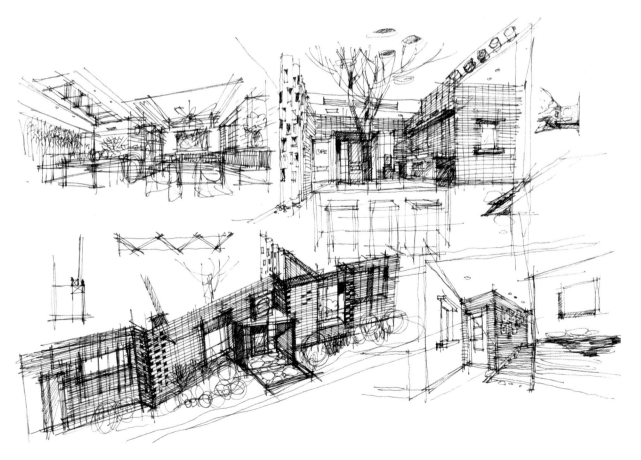

图3-10　室内构思草图（作者：辛东根）

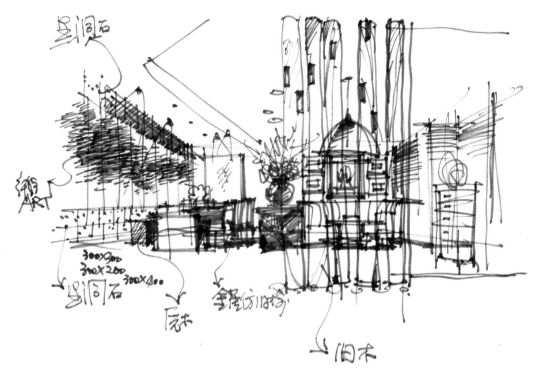

图3-11　室内构思草图（作者：辛东根）

图3-12　室内场景照片

## 三、借鉴、替换元素练习

在设计或绘制手绘表现图的过程中，尝试对参考的照片、效果图、空间场景的某些部分加以适当的设计改造，做一些主观性较强的创作，例如改变某些照片内元素的造型或色彩，增添或减少元素等，以使画面效果更为美观、出彩。该过程练习需要作者发挥主观能动性，对原始摹本进行二次创作，同时也能够培养作画者的借鉴创作能力（图3-12～图3-14）。

图3-13　替换吊灯等元素
（作者：孙大野）

图3-14　替换元素（作者：孙嘉伟）

## 四、室内设计表现作品

　　室内设计效果的表现是学习马克笔表现的最终目的。在通过前面几个阶段的练习，掌握马克笔表现的基本规律和技巧的基础之上，再将二维的室内设计工程图纸（平、立面图）转化为三维空间形态，用马克笔表现的手段直观地展现设计效果。这种创作性的表现一方面需要看清图纸，准确理解设计意图，对每一部分的表现内容做到心里有数，一方面又需要对画面进行合理的组织布局，如选择角度、设计色调、组织配景等，这样即使在绘图的过程中没有范本参考，也可以得心应手，达到理想的效果（图3-15、图3-16）。

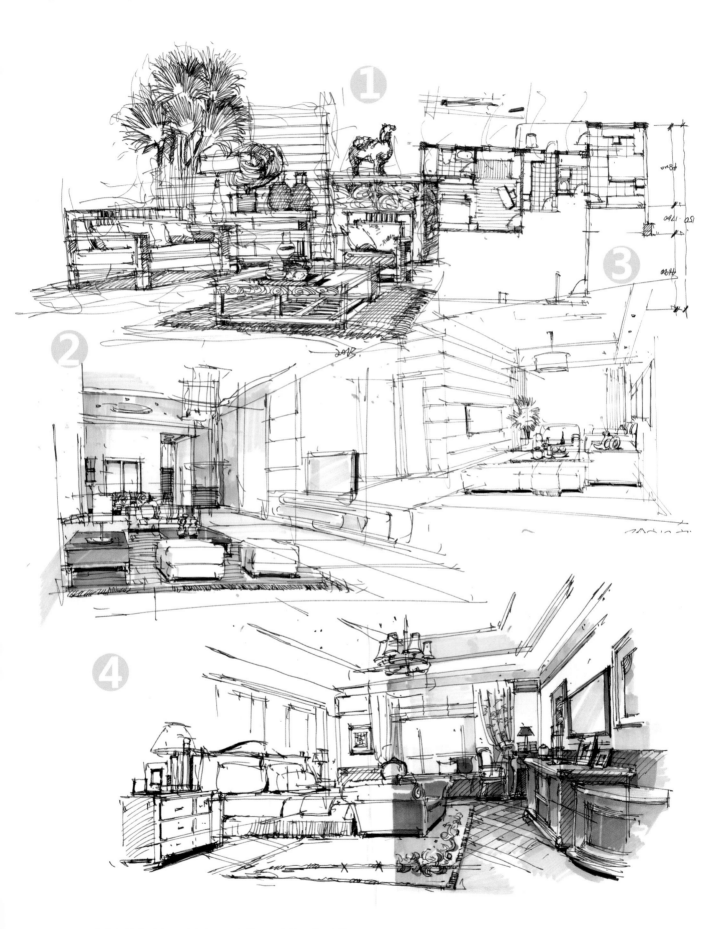

图3-15　室内设计表现作品（作者：刁晓峰、周先博、蒋雨彤）

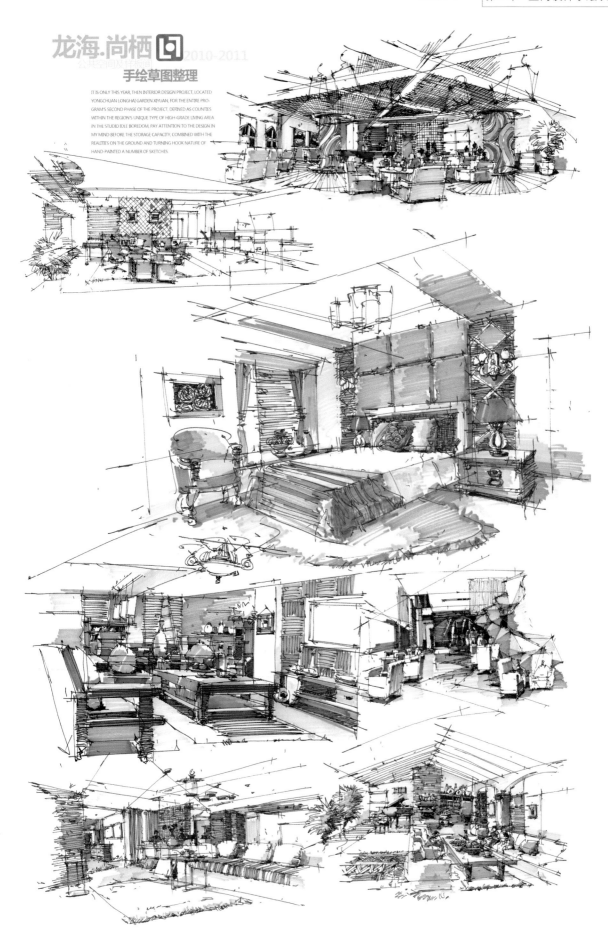

龙海·尚栖 回 2010-2011

手绘草图整理

IT IS ONLY THIS YEAR, THEN INTERIOR DESIGN PROJECT, LOCATED YONGCHUAN LONGHAI GARDEN XIYUAN, FOR THE ENTIRE PRO-GRAM'S SECOND PHASE OF THE PROJECT, DEFINED AS COUNTIES WITHIN THE REGION'S UNIQUE TYPE OF HIGH-GRADE LIVING AREA IN THE STUDIO IDLE BOREDOM, PAY ATTENTION TO THE DESIGN IN MY MIND BEFORE THE STORAGE CAPACITY, COMBINED WITH THE REALITIES ON THE GROUND AND TURNING HOOK NATURE OF HAND-PAINTED A NUMBER OF SKETCHES.

图3-16　室内设计表现作品（作者：刁晓峰）

室内手绘效果图的绘制主要包括6个步骤：选择视角、勾画草图、描绘线稿、初步着色、深入塑造和调整完成。

## （一）选择视角

为室内设计方案选择一个合适的表现视角是手绘表现图绘制的首要步骤。一个好的透视角度不仅利于画面效果的表现，其呈现的理想构图关系也会有助于设计语言的清晰表达与设计风格的良好展现。反之，再好的设计构想都无法表达清楚，别扭的视觉关系也会使设计效果大打折扣。因此，这一步在手绘表现的整个流程中极为重要。

视角选择的标准一方面需根据设计师的设计意图来确定，即设计中最需要表现的内容是什么？特点何在？如何尽可能通过视角形成的构图关系强化其视觉主导地位；另一方面则是根据画面构图的美观原则进行衡量，即所选角度形成的图面框架构成能否传达出设计的美感，是否让人觉得赏心悦目。这两方面因素在视角选择的过程中都应兼顾。

无论是初学者还是有一定经验的设计师，都很难在选择视角时一步到位。视点高低、前后及左右位置的微小移动都可能影响到效果与意图的呈现。因此，视角选择较为合适的方法是多视角构图综合比较，即根据设计师的想法先设定几个可以用于出图的角度，以较快的速度将它们的草图小稿分别勾画在一张图纸上，比较与判断各自的优劣，进而选出其中最为理想的一张作为最佳视角（图3-17）。

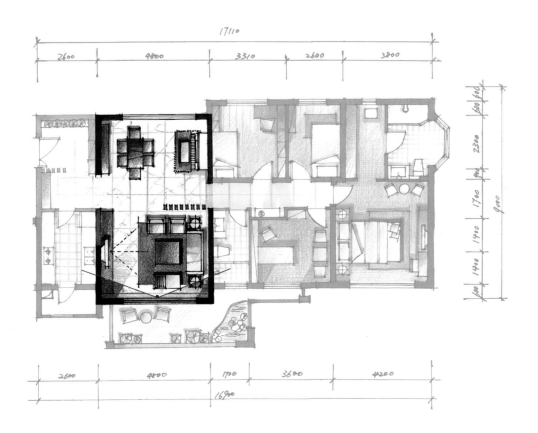

图3-17　选择视角（作者：李磊）

## （二）勾画草图

　　确定了设计的最佳表现视角后，需进行透视草图的勾画。该阶段主要是构思草图的表现，为后面的透视线稿的描绘打下基础，提供依据。这一步骤大致可包含以下几方面内容：依照设计意图，通过认真研究与比较，确定画面内需要表现的具体内容及空间位置、比例大小等；根据所要描绘的空间特征，进一步确定最佳的构图关系，充分考虑画面的正负形与主次关系；确定透视表现类型并绘出大致的空间关系；根据场景的表现内容来确定画面色调。在对画面进行初步布局的同时，也需针对过程中画面出现的问题进行适度的调整（图3-18）。

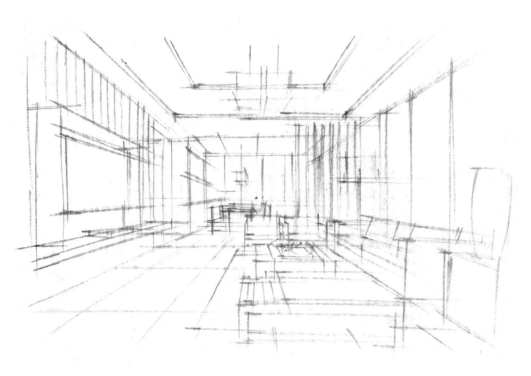

图3-18　勾画草图（作者：李磊）

## （三）描绘线稿

　　在草图空间透视、表现元素基本确定的前提下，用比较严谨、规整的线条来对空间中的主要构成面、转折面、主要物体及装饰陈设品的形态、质感、比例、空间位置等进行描绘。这个阶段要求用线果断、肯定，尽量做到准确、到位，一方面需要组织画面中的黑、白、灰的比例分配关系，另一方面需要分清主次关系，对重点对象、视觉中心进行全面刻画，对次要对象采用概括性的画法，让画面在线稿阶段能呈现出一定的层次感和准确性（图3-19）。

图 3-19　描绘线稿（作者：李磊）

## （四）初步着色

在钢笔线描稿将画面的基本关系，如空间关系、比例关系、体积关系和质感明暗关系等表达完成的基础上，开始对场景内的空间界面和家具陈设进行初步的上色。该阶段需将物体的固有色、主要的明暗面进行大致的区分，在着色过程中始终要保持好画面的空间前后关系、整体明暗色块的分布和画面色调的统一。从空间表现的角度来说，立面与顶面、地面的关系要清楚地进行区分，不可含糊。各个界面上的前后关系也要适当进行表现。从家具表现的角度来说，整体的明暗、色彩对比关系要呈现出来，虚实关系要有意识进行区分。画面色彩不宜铺满，要保持一定的透气性，笔触排列整体有序（图 3-20）。

图 3-20　初步着色（作者：李磊）

## （五）深入塑造

在处理好整体场景色调，对室内元素的明暗色彩大体关系调整到位之后，开始对画面中的重点对象进行深入地塑造，其过程主要包括对主体对象的细节刻画、明暗色彩层次的进一步加强、材质的细致描绘、光影关系的强调等。该阶段需严格注意用笔用色的严谨性，适当地使用细腻的小笔触进行细节的添加，让画面主次关系更为分明，中心更为突出，精彩程度更为增强。画面中用于丰富和活跃空间气氛的装饰元素也应有选择性地进行塑造，以起到画龙点睛之效（图3-21）。

图3-21 深入塑造（作者：李磊）

## （六）调整完成

在画面基本完成之后，最后还需要对画面的整体关系进行适当的调整，对于画面的整体空间感、色调、质感及主次关系再次进行梳理，从大效果入手修整画面。如果前面的阶段对画面某些局部的塑造不甚理想，使画面的整体关系受到一定的影响甚至产生破坏性的话，也可以借助于其他辅助绘图手段来对这些局部进行修改，例如借助于电脑软件的修补，综合运用各类编辑工具将缺陷弥补掉，从而使画面的整体协调性得以增强。这些后期调整工作完成之后，室内手绘效果图的表现便全部完成了（图3-22）。

其他室内设计表现作品如图3-23～图3-26所示。

图 3-22 调整完成（作者：李磊）

图 3-23 客厅构思草图（作者：辛冬根）

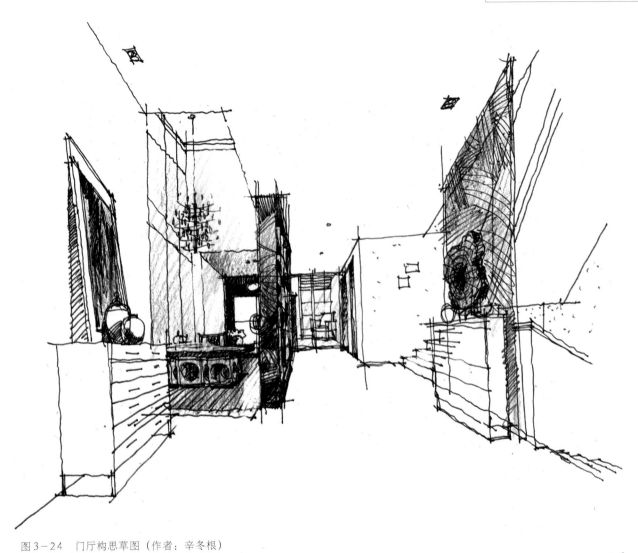

图3-24　门厅构思草图（作者：辛冬根）

图3-25　休息区构思草图（作者：辛冬根）

图3-26　主卧构思草图（作者：辛冬根）

## 五、手绘快速表现图的作图步骤

　　马克笔的作画过程大致可分为4个步骤。这里分别讲述这4步骤的表现技法及要求。

　　步骤一：钢笔线稿描绘场景。钢笔稿阶段的表现是马克笔上色的前提和基础。它以线描的手法为主，在此基础上将主要的形体转折面适当加以区分即可。线稿要求视点选择合理、透视准确、空间尺度得当、家具陈设比例合适、位置摆放合理、明暗关系区分简洁明了。画面中的线条都需做到肯定有力，能在一定程度表达不同物体的表面质感。排线部分应整齐统一而不失变化，能顺应物体的结构转折和明暗变化（图3-27）。

　　步骤二：用马克笔区分主要的形体界面关系。该阶段需要用马克笔粗略地描绘出画面中主要部分的明暗关系、色彩关系和光影关系，建立画面的大体明暗及色彩结构。着笔时用色数量不宜多，无需追求过多的色彩变化，以固有色的表现为主，尽量做到色彩统一。区分界面时，需牢牢抓住画面中主要的明暗交界线，对物体进行概括的刻画。用笔应做到整体（图3-28）。

　　步骤三：用马克笔深入塑造画面，提高色彩的丰富性，增强画面层次感。从画面的视觉中心开始，逐步深入塑造场景。一方面，通过用笔和用色数量的增加，使画面内容逐渐丰富，明暗对比逐渐拉开，色彩变化有所增强，画面关系更加清晰；另一方面，加强对光影关系的刻画，尤其是暗部层次的增加，使画面的真实感和各部分间的联系性不断增强（图3-29）。

　　步骤四：画面细节的描绘，整体关系的调整。为场景中的物体添加细节，主要是材质的进一步表现和陈设品的描绘，让各种不同的材质感能够明确地区分开，并通过陈设品的添加活跃场景气氛。该阶段需再次对画面的关系做适当的调整，使画面的空间关系、主次关系等更为清晰、有序、协调（图3-30）。

　　其他案例作图步骤如图3-31～图3-49所示。

图3-27　钢笔线稿描绘场景（作者：孙大野）

图3-28　用马克笔区分主要的形体界面关系（作者：孙大野）

图3-29　用马克笔深入塑造画面，提高色彩的丰富性，增强画面层次感（作者：孙大野）

图3-30　画面细节的描绘，整体关系的调整（作者：孙大野）

图 3-31~图 3-35　室内空间手绘表现
步骤步骤（作者：孙大野）

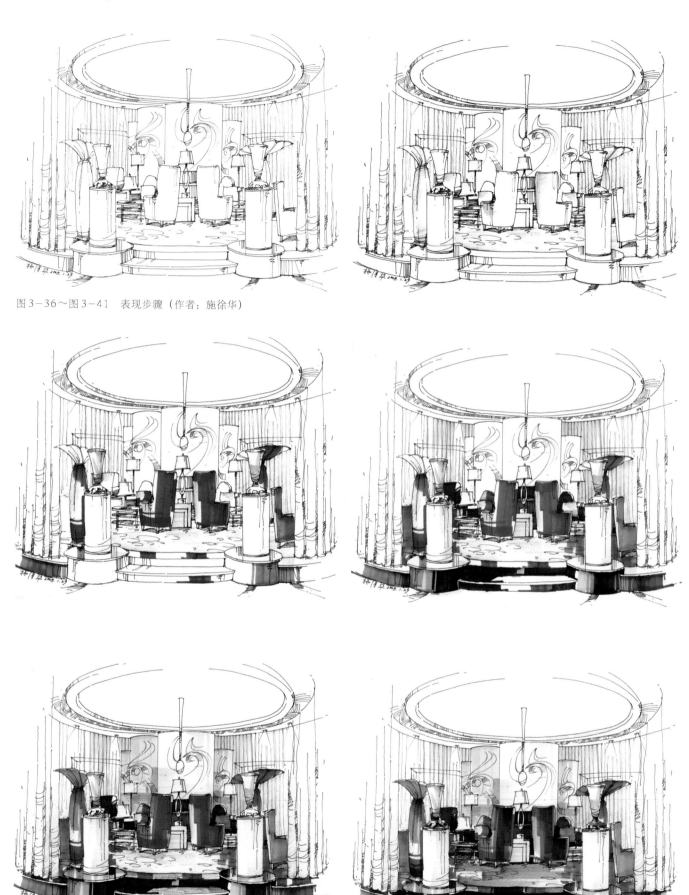

图3-36～图3-41　表现步骤（作者：施徐华）

图3-42、图3-43　表现步骤（作者：施徐华）

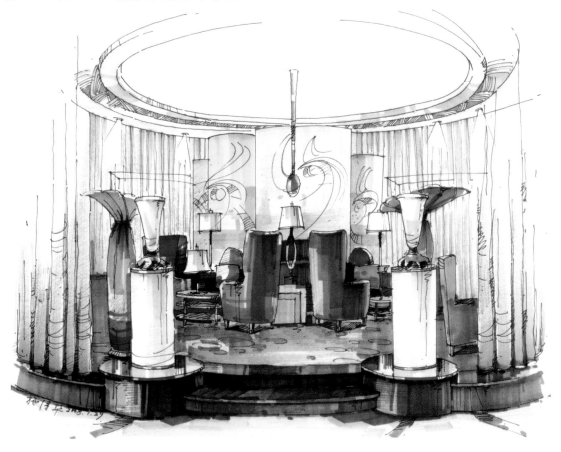

图 3-44～图 3-48 室内空间手
绘表现步骤（作者：孙大野）

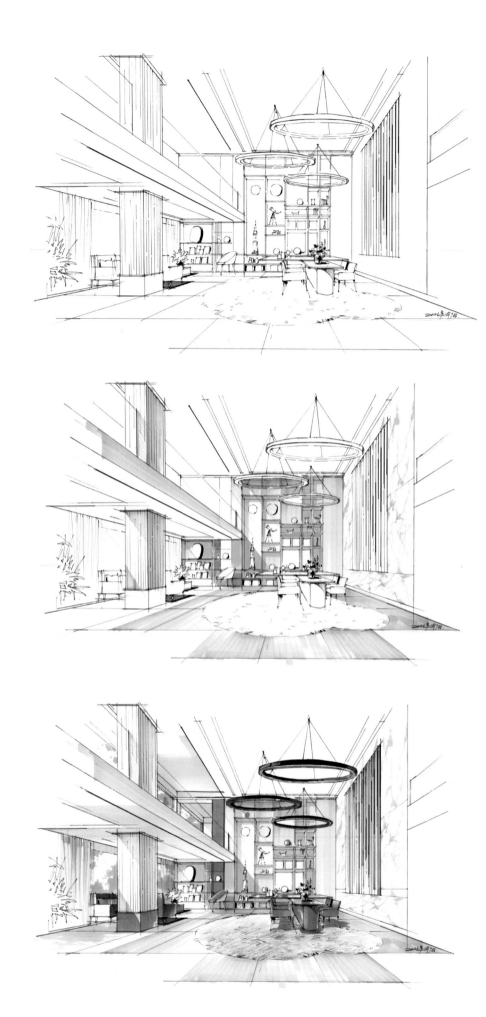

图 3-49　完成图（作者：邓蒲兵）

# 第四章　室内设计手绘表现技法要点与作品评析

## 一、手绘快速表现图的技法要点

　　以马克笔为主的快速表现技巧具有很强的规律性。只有在掌握表现规律的基础上，合理运用表现技法才能将马克笔的特性充分地发挥出来，将空间、色彩、明暗、体积等效果表现到位。

　　(1) 马克笔对画面内容的塑造是通过线条（笔触）排列的疏密关系和线条宽窄的变化组合来表现的。在明暗交界线的附近，用笔需做到整齐有序，严谨统一；随着物体界面的明暗渐变，笔触的排列逐渐由聚到分，由密变疏，线条的宽度由粗渐细，由直转斜，以非常概括的手法客观地反映物体表面受光的深浅变化（图4-1）。

图4-1　笔触的排列逐渐由聚到分，由密变疏( 尚龙勇)

（2）马克笔在刻画物体时为了能达到较为精致的效果，产生较为细腻的变化，在用笔的方向上也有一定的讲究。笔触的走向和排列对塑造形体起到至关重要的作用（图4-2）。不同型号的马克笔，所画出的笔触造型也各不相同。一般来说，画面中的笔触排列应尽量做到有序整齐，用笔时，需根据物体的结构和透视方向进行着色（图4-3）。一般运用横形笔触表现地面的进深及物体的竖形立面，运用竖形笔触表现倒影及物体的横形立面，运用弧形笔触表现圆弧物体等。这样的用笔方式更易将物体的表面变化和各种细节刻画出来，产生丰富的层次感与柔和的过渡效果（图4-4、图4-5）。

图4-2　根据物体结构用笔（作者：赵杰）

图4-3　根据物体透视方向用笔（作者：李磊）

图4-4 竖向笔触表现倒影(作者：孙大野)

图4-5 马克笔的用笔方向（作者：尚龙勇）

（3）在马克笔用线(笔触)表现明暗关系的同时，通过颜色的叠加和变化表现画面的色彩关系。着色的基本要求是浅色铺底，逐渐加深，在赋色的顺序上应做到由浅入深，从亮到暗，这也是由马克笔的特性所决定的。若先画深色再赋以浅色，那样浅色的笔触易沾染深色的成分而把画面弄脏。在进行色彩退晕和叠加的过程中，常选择同色系的马克笔色彩做渐变，冷暖倾向可做适当对比。某些局部的色彩对比也可少量采用互补色的叠加以加强色彩的视觉冲击力（图4-6）。

图4-6　赋色的顺序应做到由浅入深，从亮到暗（作者：邓蒲兵）

## 二、手绘快速表现的常见问题与修改方法

很多初学者在最初使用马克笔作画的时候，由于对于马克笔的使用方法和特性比较陌生，常常会造成画面表现较为混乱，无法达到预期理想的效果。最常见的问题主要为笔触的运用、色彩的搭配和画面的处理这三类。这里将对每一类问题一一加以举例，并分析问题产生的主要原因，提出合适的修改建议及改进方法，以供参考。

### （一）画面中笔触的运用问题

主要表现为以下几个方面：

（1）对马克笔的控制力较弱，造成用笔不到位，笔触破坏形体。初学者在刚开始使用马克笔时，最大的困难就是不能自如地控制笔触，例如画线的长短、粗细、曲直等。画完一笔线条（笔触）时，经常会出现画到物体边界以外或是没有画到指定边界的情况。如此一来，原来的线稿造型被这些笔触所破坏，不但使物体的轮廓产生了形变，原本完整的边缘变得扭曲或是支离破碎，失去了美观性，而且会引起局部的透视扭曲，造成视觉的不协调感。同时也影响了场景真实感的表达（图4-7）。

针对此类问题，一方面需要加强线条的练习，提高对于笔触的控制力，增强眼

图4-7　笔触不到位。作品点评：两侧的墙体和吊顶中间灯槽的笔触均画到了钢笔线稿的形体边缘以外，破坏了原有的边界造型，使其产生了扭曲。灯槽与右侧直列筒灯的透视也存在较为明显的偏差（作者：沈丹）

图4-8　笔触到位。作品点评：在墙体和顶面的交界处及三条矩形灯槽的边缘处严格控制好笔触，收边时尽量做到平整，保持边界的完整性和光洁感，使画面显得干净整齐。在此基础上调整好灯带的透视，强化地面、展柜暗部及远处门板的反光效果，加强投影效果，使画面更为完整（夏克梁修改）

与手之间的协调性；另一方面也需要学会合理地用笔，针对不同的宽窄面积来确定用笔方式，以减少笔触对画面形态的破坏。除此以外，也可以借助前面所提及的"告事贴辅助法"来协助我们减少失误，提高画面的美观性（图4-8～图4-10）。

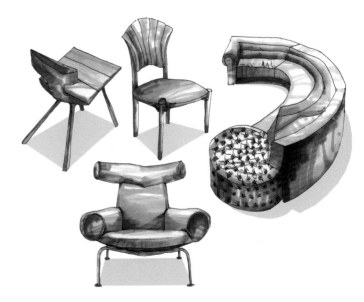

图4-9　物体笔触不到位。作品点评：椅子和沙发的靠背、坐面均有笔触画出边缘线的情况，其程度各不相同，形成局部形态的扭曲；单人沙发几个主转折面的笔触也很不到位，既没有塑造出明暗交界线的形态，也破坏了沙发整体感（作者：何菲）

图4-10　物体笔触到位。作品点评：对画出家具边界的笔触进行修整，保持轮廓线条的整齐感，将家具形态表现清楚。对单人沙发明暗交界线的笔触形态加以修整，使其符合界面的转折关系（夏克梁修改）

图4-11　落笔不干脆，线条反复次数多，造成画面较脏较腻。作品点评：场景中的墙体、沙发、地毯、矮柜及陈设品的笔触叠加次数过多，到处充满着斑驳的笔迹，整个画面显得很脏很腻，缺少明快利落之感（作者：吴蝶）

（2）落笔不干脆，线条（笔触）反复次数多，造成画面较脏较腻。初学者对于麦克笔的特性不够了解，对每一种颜色落在纸面后的效果缺少估计，往往在仓促下笔后发现和自己预想的效果相去甚远，于是就反复地叠加笔触，一点点地尝试效果，直到接近预期为止。如此一来，反复叠加的线条发生了互溶，笔触不但变得含糊不清，画面也显得脏而腻，缺乏轻快利落之感（图4-11）。

针对此类问题，应该加强对自己所用的麦克笔的了解，对常用的笔和颜色做到心里有数，这样在落笔时才能尽量做到一步到位，减少反复的次数，使画面线条呈现出清新感和明快感，并有效提高绘图效率（图4-12）。

图4-12　落笔较为干脆，减少线条的反复次数，画面显得较为整洁、层次分明。作品点评：画面用笔明确果断，笔触干净利落，整体呈现清新明快之感（夏克梁修改）

（3）麦克笔笔触轻浮乏力，造成画面力度的缺乏。由于缺乏一定的熟练性和灵活驾驭线条的能力，很多初学者在落笔时缺少肯定有力的笔触，常常造成线条的局部扭曲或是线条（笔触）排列的参差不齐，以致画面物体的塑造缺乏一定的结实性，画面的整体效果略显粗糙，缺少力度感，缺乏一定的视觉冲击力（图4-13）。

针对此类问题，也应在平时对手头的绘画工具多加熟悉，多加练习，这样才能将工具运用熟练，使用起来得心应手（图4-14）。

图4-13　笔触轻浮乏力。作品点评：主要的空间界面（天顶、梁、柱及地面）和前景家具（座椅、方桌）的笔触均缺乏力度，造成大部分的质地都刻画得过于柔软，画面整体因缺乏刚柔对比而显得单薄乏力，效果也显得平淡（作者：洪晓俊）

图4-14　笔触刚劲有力。作品点评：加强了顶面、墙面、地面及前景家具的笔触力度感，适当地增强了中景吧台和远处酒柜的明暗交界线的刻画，画面塑造变得浑厚结实，挺拔有力（夏克梁修改）

（4）用笔方式的千篇一律，造成画面中物体质感差别的丧失。质感的表达也是决定画面表现成功与否的重要因素。各个物体表面的质感均有不同的特点，只有将各自的特性表现出来，画面才能显示出真实性和丰富性。如果对每种材质的刻画都采用相同或相似的用笔方式，那么各种材质的特点会因此而丧失，也会直接导致画面中物体的真实性和可感性的下降。各种不同的元素所显现的千篇一律的面孔，使观者感觉乏味、单调且缺乏生气（图4-15）。

针对此类问题，需要学会使用不同的手段增强用笔方式的变化性，按照质感表现的规律，配合色彩和明暗的表现来对每一种质感做相应的刻画，并且统一于画面的整体，让其在保持整体性的前提下能够呈现出对比感与丰富性（图4-16）。

图4-15　用笔千篇一律。作品点评：三面墙体、顶面的软装饰和地面的坐垫的笔触运用过于雷同，材质的差别性无法得以体现，画面缺乏材质对比而显单一（作者：叶琴）

图4－16　用笔富于变化。作品点评：将中间墙体表现为马赛克的质感，两侧墙体以垂直向笔触塑造木材的质感，坐垫笔触加以柔化使其呈现柔软感，地板添加倒影以提高光泽度，在保持画面整体感的同时，材质的丰富性大大增强（夏克梁修改）

图4-17　色彩过于统一，缺少变化，造成画面的单调感和苍白感。作品点评：画面以棕色作为基本色调，绝大多数颜色均选用同类色，由于缺少一定的色彩对比而显得过于统一，也使得画面气氛略显沉闷，稳重有余而活跃感不足（作者：谭诚川）

图4-18　色彩对比明显，画面富有变化。作品点评：将远景窗外的色彩改为调子偏冷的对比色，与前景的暖色形成互补，增强了色彩的视觉冲击力（夏克梁修改）

## （二）画面中色彩的搭配问题

画面中色彩的搭配问题主要表现为以下几个方面：

（1）色彩过于统一，缺少变化，造成画面的单调感和苍白感。很多初学者在刚接触马克笔时，由于不熟悉这种工具而害怕落笔后出错。为求保险，他们常常只使用寥寥几只马克笔着色，依靠反复地同色叠加以希望拉开画面的明暗关系，并且常选用同类色以保持画面色调统一。虽然随着马克笔同色叠加次数的增多，色彩的明度会较之前有一定程度的下降，但是色彩加深的变化幅度并不大。如此一来，尽管画面色调取得了统一，但是色彩的冷暖变化相对较弱，整个画面效果显得过于单调，缺少对比性，过于稳重而缺乏一定的活泼感和灵动感。因此视觉效果也显得平淡苍白且缺乏真实感，场景气氛也略显沉闷（图4-17）。

针对此类问题，可通过合理增加画面内的色彩种类来加以解决。在塑造物体体积及空间时，选择不同明度且属于同一色系的多只马克笔相互配合使用，有些用以表现受光面的色彩，有些则用来表现背光面的色彩，在控制整体色调的基础上加强画面色彩的对比，丰富色彩种类。通过合理有效的分工，每种色彩的马克笔各执其能，相得益彰，不但有助于提高作画效率，画面的色彩效果也可以表达得很明确、很充分、很强烈，达到理想的效果（图4-18）。

（2）色彩使用过艳，缺少环境色的表现，造成画面各部分彼此孤立。麦克笔中有许多的色彩比较艳丽，可运用于局部场景的色彩点缀，不适宜在画面中做较大面积的使用。若是一味地使用这类饱和度较高的色彩作画，就无法准确地表现物体的固有色和环境色之间的关系。只注重固有色的表现而缺少环境色的介入，易使场景色彩缺乏真实感，也会使物体间及物体和空间的色彩关系相脱离，色彩呈现孤立感。同时画面色彩也会显得过火、艳俗，造成画面品位的降低（图4—19）。

针对此类问题，首先应树立环境色表现的意识，注重色间的相互影响，建立起场景各部分间色彩的联系，使场景的色彩呈现出整体感；其次应注意在用色时合理地搭配纯色和灰色，适当地降低浓度过高的纯色的运用比例，使画面色彩显得稳重而活泼，色调显得高雅（图4—20）。

图4—19　色彩使用过艳，缺少环境色的表现，造成画面各部分的孤立性。作品点评：画面大多数颜色饱和度较高，地毯浓艳的蓝色和橘红色墙面的反差过大，色彩显得孤立，沙发与金属配件缺少环境色的影响，也无法很好地融入环境（作者：华晓平）

图4—20　物体之间的颜色相互影响，画面的色彩统一中求变化。作品点评：在地毯、沙发和茶几等物体上加入适当的环境色，并略微降低色彩饱和度，让各物体的色彩之间产生联系，使场景的整体感得以增加（夏克梁修改）

图4-21 色彩搭配不当，造成画面色彩关系混乱。作品点评：画面中的色彩纯度较高，色彩的明度对比较强烈，顶面偏蓝的色彩倾向直接被画成深蓝色，前景的地台暗部又增加了缺少色彩倾向的重色，纯色和灰色的运用不够合理，色彩关系显得混乱（作者：何琦秀）

图4-22 画面物体主次分明，统一中富有变化。作品点评：适当降低场景中屋顶、梁、柱等某些色彩的强度，略微改变其倾向，降低饱和度，以到达色彩的和谐（夏克梁修改）

（3）色彩搭配不当，造成画面色彩关系混乱。色彩搭配的不和谐会直接影响到画面的视觉效果。马克笔色彩运用中常出现的色彩问题主要是冷暖色的搭配不当和纯色、灰色的搭配不当。还有一些是由于不同颜色叠加次数过多，造成色彩的发暗变脏，失去色彩倾向。不和谐的色彩组织不但使画面颜色凌乱不堪，而且也无法表达空间感和体积感（图4-21）。

针对此类问题，要在落笔前对画面的色调组织和色彩搭配大致做到心里有数，选好相对应的马克笔，在遵循"大统一，小对比"的原则下，合理地运用同类色和对比色的搭配，准确表现画面中物体的固有色、环境色和空间的前后关系，使画面的色彩和谐统一并富于变化（图4-22）。

（4）色彩的明暗对比处理不当，造成物体的界面关系不明确，画面缺少空间感。画面中色彩明暗对比处理的问题主要表现为两方面，其一是画面中的不同界面的色彩明度过于接近，缺少整体的明暗关系，造成受光面和背光面难以区分，界面关系显得含混不清，物体的体积感和空间感也难以表现出来；其二是物体局部色彩的明暗渐变过于强烈，在物体的受光面运用了大量的深色去表现明暗的渐变，导致场景中深色的泛滥，也使得画面中所有的明暗对比关系都过于相近，缺少对比的强弱处理，画面关系显得零散混乱，缺乏整体感和协调性（图4-23）。

针对此类问题，应对画面色彩的整体轻重关系加以强调，而不是只关注固有色的深浅，能够有意识地区分开各界面的明暗关系，学会对过于接近的明度关系加以适当的处理，并在整体明暗关系确立的基础上，合理地控制好受光面的深浅渐变幅度，处理好对比的强弱关系，努力将物体间及各界面的关系表达清楚，使画面形成空间感和整体感（图4-24）。

其他修改实例见图4-25～图4-28。

图4-23 色彩的明暗对比处理不当，造成物体的界面关系不明确，画面缺少空间感。作品点评：画面中吧台及附近的门、木地板、天顶的颜色都画得较深，各界面的色彩明度都非常接近，缺少渐变和对比，致使形体关系和界面边缘显得模糊不清，空间的纵深感也表现得较弱（作者：洪晓俊）

图4-24 色彩的明暗对比明确，物体各界面关系分明，画面空间感较强。作品点评：将颜色过深的局部加以适当提亮，把界面的交接关系表现清楚，根据空间的前后关系画出明度的渐变，对物体暗部的反光部分加以强调，使画面关系清晰明确（夏克梁修改）

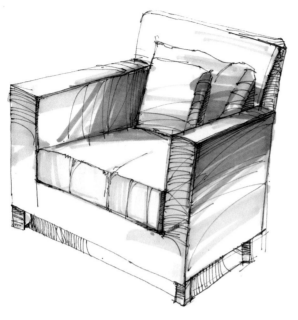

图4-25 明暗大关系不明确。作品点评：画面中仅对沙发的明暗交界线进行了塑造，却没有将明暗的整体关系区分开来，受光面和背光面缺乏明确的区别，致使明暗的对比显得零散，物体缺少整体性和份量感（作者：谭红芳）

图4-26 明暗大关系明确分明。作品点评：对沙发的明暗两大面进行区分，将暗面的整体明度降低，亮面的色彩明度保持不变，将物体整体的受光和背光关系表达清楚，再配以投影使画面变得整体而真实（夏克梁修改）

图4-27 明暗大关系不明确，画面显得花、乱。作品点评：画面中过于关注局部的明暗变化的表现，且运用了大量的深色表现家具的受光面，转椅、电脑、柜子及座椅受光面的明暗变化均显得过于剧烈，以至于亮面的深色和暗面的深色几乎没有差别，明度过于接近，造成画面中缺乏明确而整体的明暗关系，空间关系和主次关系也没有表现出来，整体效果显得凌乱（作者：唐佳敏）

图4-28 明暗大关系明确，画面显得整体。作品点评：对画面的整体明暗关系进行区分，减弱转椅背、电脑屏幕、柜子及单人座椅受光面的明暗渐变程度，使他们处于整体的亮面关系之中，同时减弱暗面的反光强度，使暗部的明暗对比显得柔和。减弱地毯纹样的明暗对比，使画面中心显得更为突出。画面空间关系和主次关系变得明确，明暗关系变得整体协调（夏克梁修改）

## （三）画面的处理问题

画面的处理问题主要表现为以下几个方面：

（1）构图处理不到位，造成画面中心较空，均衡感差。在画面的构图中，常常会出现靠近画面中心位置的内容较为空洞的问题。画面的中间位置往往会形成视觉的中心，一旦缺少丰富的内容和细腻的层次，那么从视觉上会使场景处于一种失衡的状态，形成图面中明显的空缺，让人感觉若有所失（图4-29）。

针对此类问题，应从画面构图出发，对图面中心的内容进行适当的添加，使其变得丰富，也使画面恢复均衡感（图4-30）。

图4-29　构图处理不到位，造成画面中心较空，均衡感差。作品点评：画面中心靠右侧的窗户处于空白状态，且占据了画面较大的面积，因此也成为视觉上的空缺，影响了画面的均衡感和完整性（作者：蔡肖依）

图4-30　构图饱满，画面显得较为整体。作品点评：在窗口处添加相关的场景内容，如室外远处的自然风景，以填补空缺，并使画面中各部分都变得较为完整，且形成构图的平衡感（夏克梁修改）

图4-31　光影关系的缺失或处理不当，造成画面的联系性与真实感的缺乏。作品点评：画面中以床为主体的家具等光影关系较为散乱，床从水平面到垂直面缺少明和暗大关系的区分，后面的落地窗及墙面也画得过于平淡，缺少自上而下光影明暗的减弱变化，与光线传递的客观规律相违背，光影缺乏真实性( 作者：虞晓颖)

图4-32　光影关系明确，画面的真实感较强。作品点评：将光线方向调整统一，按照光线减弱传递的规律，将床的受光面调亮，落地窗的整体明度降低，从上到下逐渐产生明暗渐变，并同时对其他家具的光影深浅加以区别，沿明暗交界线逐步展开，增加光影的真实感( 夏克梁修改)

(2) 光影关系的缺失或处理不当，造成画面的联系性与真实感的缺乏。物体的光影关系在现实世界中客观存在，光源的种类、照射角度和冷暖变化都会对室内物体的阴影及界面的明暗变化产生影响，包括阴影的深浅、虚实、形状、方向、色彩倾向及物体界面随光线减弱产生的明暗渐变等。画面中对于光影关系的准确表达是建立在物体间的联系性和场景的真实感的重要基础上。而许多初学者往往在绘图中忽视了这个问题，没有表现出物体界面在光源影响下所产生的明暗渐变，在刻画完物体界面之后也没有添加阴影，或是阴影关系的表现缺乏统一性和客观性，使画面中的光源处于较混乱的状态，光影的明暗缺少变化，因此无法塑造出场景的真实感 （图4-31）。

针对此类问题，需在画面中确立主导光源，在此基础上来分析物体间的阴影变化关系，根据光影生成的客观规律来添加投影和界面的明暗渐变，并注意明暗随光线减弱而产生的强弱变化，从而在物体与物体间、空间界面与空间界面间及物体与空间界面间建立起联系，让画面显得真实可感 （图4-32）。

其他修改实例见图4-33～图4-36。

图 4-33 光影的变化中缺少明暗的渐变，物体显得较为平淡。作品点评：椅子的靠背与扶手没有产生明暗的渐变，色彩的明度和冷暖关系十分相近，没有将光线自上而下减弱的效果表现出来，光影的明暗变化缺乏客观性（作者：唐学成）

图 4-34 光影的变化明显，物体显得真实。作品点评：增强了椅背和扶手自上而下的明暗渐变，明度由亮变暗，色彩由暖转冷，将光线的由强渐弱的变化充分地反映出来，增加了光影的真实感（夏克梁修改）

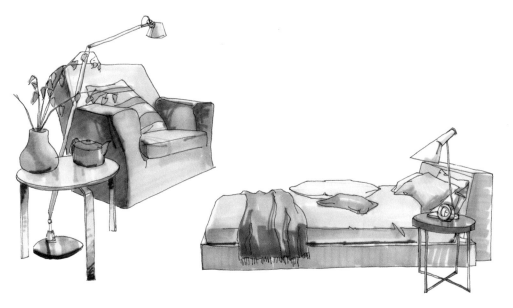

图4-35 缺少光投影。作品点评：家具与地面、装饰品与家具间缺少投影关系，各物体间显得孤立而缺少联系，缺乏真实感（作者：吴梨铭）

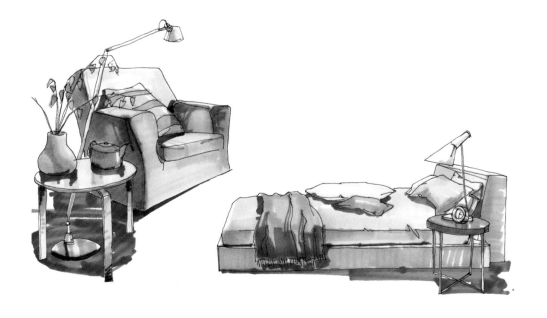

图4-36 投影明确，画面具有真实性。作品点评：在物体主要界面的交接处添加投影，建立物体之间的联系（夏克梁修改）

125

（3）画面主次、虚实处理不当，造成画面空间感和整体感的缺乏。初学者在学习马克笔时多以临摹照片为主，而在此过程中他们往往会将所见内容全部搬到画面中去，单纯地凭视觉印象刻画对象，或不加以主次、虚实、繁简处理，将画面画得面面俱到，平均对待每一件物体和每一个细节；或是主次关系处理不当，画面中心缺乏丰富的内容和细致的刻画，次要的局部又表现得过多，缺少概括的处理，使场景中本该充实之处显得空洞无物，本该省略之处又显得过于细致，画面空间关系错乱，视觉效果显得零散平淡（图4-37）。

针对此类问题，应该树立画面主次处理的意识，合理安排画面的视觉中心，根据画面的空间远近关系来确定物体塑造的繁简虚实，学会概括的处理手法，防止面面俱到，有意识形成画面的层次感，通过适当的对比处理让画面显得更为生动，也使空间关系变得准确真实（图4-38）。

图4-37 主次、虚实处理不当。作品点评：画面中心部分沙发、茶几的组合层次感表现较弱，物体的边缘线都描得过于明确，缺少虚实处理。画面左侧落地窗跳跃的笔触、强烈的色彩和明暗对比使其形成了画面中最为抢眼的部分，原本应概括虚化的部分抢占了画面的视觉焦点，使得画面主次关系混乱，整体感不足（作者：柳慧兰）

图4-38 主次、虚实处理不当。作品点评：用简练概括的笔触配以浅灰色表现落地窗，减弱该部分的明暗、色彩和笔触的对比度，将其处理成为画面中的次要部分；对沙发的边缘线进行处理，依照空间远近关系加强虚实对比，增强画面中景的层次感和丰富性。至此，画面的主次关系和空间关系变得合理，整体感和协调性明显增强（夏克梁修改）

(4) 画面的图底关系安排不当，影响图形结构的美观性，并使画面显得松散。在马克笔表现中，常常会在画面边缘处适当地留出空白，从而使图面效果显得生动简洁，通透活跃，更富有整体感。如果将马克笔的着色部分的图形看成为正形，留白部分则成为图形关系中的负形。很多初学者在塑造室内场景时，往往忽视了这种正负形所构成的图底关系的协调性，在为线稿赋予明暗色彩的过程中并没有注重图形的边缘处理，画面边缘的留白显得较为随意，笔触关系较为凌乱，缺少对边缘形态的控制和美化，视觉上也呈现出松散感，影响了画面的图形结构的美观性和稳定感（图4-39）。

针对此类问题，在作图时需严格控制图形边缘的笔触，保持画面边缘留白部分形态的整体感和美观性，尽量避免由于用笔的随意性而造成的画面图底关系的松散性和琐碎感，使画面的正负图形结构保持平衡感和协调性（图4-40）。

图4-39　画面的图底关系安排不当，影响图形结构的美观性，并使画面显得松散。作品点评：马克笔在处理画面边缘时显得较为随意，顶面、左侧墙面和地面的笔触收放显得较为零散，画面边缘留白处所构成的负图形琐碎感较强，使得整个画面的图形结构缺乏紧凑感和凝聚性，显得松散而乏力（作者：金伊丹）

图4-40　图底关系安排较好，画面显得较为紧凑，整体感较强。作品点评：将顶面、左侧墙面和地面的边缘造型进行适当的控制，去除部分较为突兀的笔触，使图形的外轮廓的整体感、稳定感和紧凑性得以增强，图底的互补关系呈现出协调感，画面的力度也有所加强（夏克梁修改）